天下文化
BELIEVE IN READING

企業的力量是改變世界最好的平台

# 開 拓 者
## TRAILBLAZER

### THE POWER OF BUSINESS AS
### THE GREATEST PLATFORM FOR CHANGE

## MARC BENIOFF AND MONICA LANGLEY

**Salesforce 創辦人與執行長 馬克・貝尼奧夫**

莫妮卡・蘭利————著

周宜芳————譯

# 各界推薦

「貝尼奧夫為我們打開一扇窗，看看是哪些價值觀造就他成為獨具同情心的領導者以及資本家的楷模。在這個緊要關頭，如何運用企業作為改變世界的平台，他的書是黃金標準，對於任何有志於以智慧和真理作為領導基石的人，本書是必讀之作。」

——瑞・達利歐（Ray Dalio）／橋水基金創辦人，
暢銷書《原則》作者

「貝尼奧夫在本書中分享讓價值觀深入Salesforce肌理的旅程。他建立一家根植於信任的企業，藉此探索企業如何孕育一種以價值觀為基礎的文化，進而成為最有力的變革平台。」

——蘇珊・沃西基（Susan Wojcicki）／YouTube執行長

「在政治與經濟處於動盪的時期，本書為所有企業和組織點出繁榮的必行之道。」

——傑米・戴蒙（Jamie Dimon）／
摩根大通董事長兼執行長

「在過去，偉大的領導者懷抱願景，也具備實現願景的心智。但是第四次工業革命裡的偉大領導者，除了願景和心智，也必須有靈魂。本書中，最成功、最開明的企業領導者貝尼奧夫提醒我們對所有利害關係人的責任，並鋪設一條清楚的路徑，指出商業與科技如何為所有人開創一個更美好的未來。」

　　　　　　　　　——克勞斯·史瓦布（Klaus Schwab）／
　　　　　　　　　世界經濟論壇創辦人兼執行董事長


「對於任何渴望在這個世界實現更崇高使命的企業人士來說，這是一本迫切而引人入勝的書。馬克以有力而情感豐富的領導故事，提醒每一個人，在捨棄『生意照做』的想法，並讓價值觀成為工作的動力時，我們能夠達到的成就。」

　　　　　　——理查·布蘭森（Richard Branson）／維珍集團創辦人、
　　　　　　　　　作家與慈善家

「今日的企業領袖必須在實踐成長的同時著眼於社會影響力。貝尼奧夫是少數將此付諸實行的執行長。本書中，他告訴我們如何做到這點，並提供一張可以效法的路線圖。本書是每個以使命為導向的領導者必讀之作。」

——盧英德（Indra Nooyi）／百事可樂前執行長

「貝尼奧夫是多料冠軍！他在書中講述信任、兼容並蓄與回饋社會等價值觀，如何成為成功企業與職涯的根基，我深受啟發。本書鋪陳出致勝文化的模範，讓每個人都有同等的機會發聲。」

——比莉‧珍‧金（Billie Jean King）／網球冠軍、
社會正義與平等倡議者

「貝尼奧夫告訴我們，他的公司之所以能締造如此的豐功偉業，憑藉的不是他實現自身信念的決心，而是信念本身的力量。他是商業界青年才俊的楷模，也為所有想要發揮正向影響力的人立下榜樣。」

——珍‧古德（Jane Goodall）／靈長動物學家與
全球知名保育人士

「貝尼奧夫以其智慧、坦誠與精神深度，慷慨分享他帶領一家全球備受推崇企業的20年間所學到珍貴無比的課

題，而且通常是在具爭議而艱難的境遇中歷經千辛萬苦而得到的教訓。從集體奉獻數百萬個志工服務時數以改善公立學校，並回應其他迫切訴求的Salesforce團隊，到Salesforce在企業獲利以外的社會議題上所採取的立場，貝尼奧夫立下一個深深啟迪人心的榜樣。」

——will.i.am／葛萊美獎藝術家、科技創新者與慈善家


「價值、獲利和損失等詞彙，在貝尼奧夫手中完全改觀。價值來自價值觀——誰獲利？誰損失？解讀資產負債表的意義在於平衡董事會外各方人士的利益。」

——波諾（Bono）／U2主唱，One and（Red）共同創辦人

目次

# 序曲

　　本書的誕生要從 1986 年夏日舊金山一個晴空萬里的美麗早晨開始說起。我的公寓窗戶外面，海灣景色應該是美得令人摒息，但是我不在乎。我躺在床上，不願意、也沒力氣起身。

　　我在甲骨文（Oracle）這家全世界成長最快速的軟體公司擁有一份想像中最棒的工作。剛踏出大學校園成為社會新鮮人的我，頂著一頭蓬頭亂髮，有一堆古怪滑稽的夏威夷襯衫 —— 這樣的我，卻不知怎麼會吸引甲骨文深具遠見的創辦人賴瑞・艾利森（Larry Ellison）的青睞。我在四年內晉升到副總裁，是擔任這個職位有史以來最年輕的人。我很快就有數百萬美元的年薪，還有股票和其他福利。

　　可是，就在某個工作日早上，待在電報山（Telegraph

Hill）公寓裡冷得半死的我，既不快樂，也不覺得滿足。

照理說，我應該已經活在美國夢裡，但是我迷失了。

那天稍晚，我拖著身子勉強進了辦公室，我找到賴瑞，我告訴他那籠罩著我的無力感。他提出的解決辦法簡單又直接：「你為什麼不放個離休假（sabbatical）？休三個月的假，到處走走看看。」他補上一句，「然後振作起來。」

說真的，我當時不知道「離休假」是什麼意思，但是賴瑞是我的導師，我信任他的建議。那天稍晚的時候，我打電話給朋友阿中・古普塔（Arjun Gupta），把我現在的處境告訴他。他才剛辭職，開了一家新公司，他建議我們一起去尼泊爾和印度旅行。我覺得這趟旅行聽起來可以散散心。我當時還不知道的是，這趟旅行會改變我人生的路徑。

我最後來到印度南部的城市特里凡德倫（Trivandrum），這裡接近阿拉伯海的回水湖區（backwaters）。我們到那裡只有一個原因。幾年前，我與人稱「擁抱聖人」的「阿媽」（Amma，意為「母親」）瑪塔・安姆里塔南達瑪宜（Mata Amritanandamayi）有過短暫的一面之緣，她是一位非常溫暖而有智慧的女性，因此成為無數追隨者的精神指引和撫慰力量。我私心希望以她的智慧，還有因療癒力量而名滿天下的擁抱，能

夠幫助我重新找回自己。

在印度頌歌的吟唱與香火煙雲的繚繞中，阿中和我把我們的事業目標告訴她，並揣想這些目標與我們兩個人對存在的迷惘有怎麼樣的關聯。「阿媽」用慈愛而關切的眼神注視著我們，然後說：「在你們追求成功和財富的路上，不要忘記為他人做點事。」

Salesforce 的構想就隨著這些話語開始成形。理智上，我知道自己想要創辦一家運用創新科技的公司，但是在情感上，我也希望這家公司為回饋大眾而奉獻。那一天，在特里凡德倫，這顆種子就這樣埋下。兩年後，我離開甲骨文，為的就是要做這件事情。

1999 年，我們簽署 Salesforce 的公司設立文件，我們想要確保回饋大眾的觀念深植於公司文化。當然，我希望以傳統指標來衡量時，Salesforce 的發展欣欣向榮，但是我也同樣堅定的希望，它能對世界產生正向影響。因此，打從一開始，我們就決定先找出能作為企業基石的價值觀。起初，這些價值觀是信任、顧客成功和創新；後來，我們又加上第四個價值觀，那就是「平等」。我們也決定，不管企業成長到多大的規模，一定要撥出 1% 的股權、產品和員工時間，奉獻於慈善理念，我們稱這個方案為「1-1-1 慈善模式」。

如果你對 Salesforce 還不熟悉，在這裡順道一提，

我們是運用雲端運算提供顧客關係管理（Customer Relationship Management，CRM）這項重要軟體的先驅，我們的客戶組織涵蓋各種規模。我們是最早能讓顧客從網路下載產品、把資料安全儲存在雲端的公司之一，我們創造新的商業模式，讓大大小小的企業可以透過訂閱方式取得更聰明、更符合直覺的科技工具，卻不需要簽立繁複、沉重的長期合約。

Salesforce 在 2004 年公開上市，它的市值從 10 億美元在幾年前攀升到超過 1200 億美元，當時我相信市值增長的主要原因是公司營運交出令人刮目相看的成績單。但是，我現在知道，成功最有力的引擎不是我們的軟體，不是我們的員工，也不是我們的商業模式，而是我們在 1999 年所做的決定：建立一個以價值觀為導向的文化。

這不是我一個人的意見；有愈來愈多證據顯示，市場會獎勵做好事的企業，而懷抱社會使命的公司往往更成功。在像科技業這樣競爭激烈的行業，獲利與虧損的差異可能取決於企業是否能吸引一流人才，而在這個時代，最頂尖、最聰明的人才決定要到哪裡工作的理由，通常是無形的事物，例如多元性、包容性、價值觀導向的文化等。

在過去這幾個複雜而不確定的年頭，我走過迷惑、疲憊和欣喜交織的歷程之後，終於領會到身為一家企

業，真正定義我們的是價值觀。這些價值觀不是裝飾在我們舊金山企業總部高樓頂端的尖塔；價值觀是地基裡那些鋼筋與水泥的一部分，是價值觀一而再、再而三的支撐著整體結構，以免於傾覆。

我寫這本書是為了分享我在旅途上所有的學習心得，分享Salesforce如何從一家缺乏資金、在我舊金山舊居公寓隔壁辛苦經營的新創事業，後來蛻變為成長最迅速的科技公司之一，同時躋身年度最受推崇企業與最理想工作地點排行榜，而且名列前茅。但是，本書不只是談論我的旅程，也不只是談論Salesforce。本書還會談到，如何建立一種把行善與績效畫上等號的文化，才能在一個「企業遵循什麼原則、實力就多堅強」的世界裡繁榮茁壯。我不會假裝自己知道全部的答案，但是我希望不管你身在哪一個產業，本書都能對你有所啟發，讓你的價值觀在工作上發光發熱。

## 第 1 部

價值觀

價值創造

# 新方向

　　廣闊的講堂裡座無虛席，連牆邊都站滿了人。他們當中有政治領袖、經營管理者、政府官員、學術界人士、記者和政策專家，儼然是一支不折不扣的全球影響力軍團。我左右兩側坐的是與我同組的四名與談者，他們個個是備受尊崇的科技業執行長與思想領袖。在我們身後，專題座談的標題即將以聲勢懾人的龐大字體閃現在螢幕上。說真的，它不算是什麼標題，反而更像是個誘導問題：我們信任科技嗎？

　　就在我們啜飲著水、整平外套上的皺痕時，主持人兼商業新聞記者安德魯·羅斯·索爾金（Andrew Ross Sorkin）為座談開場，宣稱公眾在評判科技公司時逐漸磨損的信心，是「當前最關鍵而重大的討論，在產業界確實已經無所不在。」

他說得沒錯。2018年初，科技公司歷經嚴重的信任危機。不僅令人心驚的臉書（Facebook）侵犯隱私事件在最近曝光，甚至連2016年美國總統大選都有俄國暗中操縱選民的痕跡，這些都讓大部分美國民眾的心裡起了疙瘩。在瑞士達沃斯一年一度的世界經濟論壇（World Economic Forum）上，許多與會者心中最關切的，就是這個沒有表面上看起來那麼簡單的問題：我們要怎麼辦？

科技是我奉獻全部職涯的領域。運算能力今日的進展如何改變我們生活和工作的方式，經常讓我驚嘆不已。在過去10年，也就是大家經常說的第四次工業革命*的開端，我們看到人工智慧（AI）、量子運算、基因工程、機器人學和5G物聯網的非凡進展。數位資訊龐雜眾多的支流，以10年前根本想像不到的速度和規模流動，同時AI和機器人學也正在打破人類和機器的藩籬。地球上的每個人和每件事物彼此連結，開啟沒有人能夠預見、複雜的商業挑戰和顛覆性的發展。

我一向相信科技蘊藏著潛能，能夠以美好的方式把世界變成平的；科技還能夠促進一個更開放、多元、信

---

\* 編注：第一次工業革命為18世紀蒸汽機發明時；第二次工業革命為19世紀末到20世紀初電力和組裝生產線的普及；1960年代，半導體、電腦、網路的問世帶來第三次工業革命；第四次工業革命則是21世紀以來的數位、生技等領域的革新與進化。

任與包容的社會，同時為數十億人創造前所未曾想像過的機會。就在本書出版的一年前[*]，地球上有手機的人可能已經比家裡有自來水或電力的人還多。

但是，我們也清楚看到，科技不是萬靈丹，而科技會帶來怎麼樣的結果，幾乎沒有人可以打包票。新的壓力和危險出現，隨之而來的是沒有人曾經思索過的道德難題。全球不平等的落差，損及大眾對機構的信任，而複雜的社會與經濟議題，包括隱私、倫理、教育、工作的未來以及地球的健康，開始出現在企業議程裡，而且通常令人坐立難安。下雪的達沃斯早晨，一個簡單的真相變得一清二楚：這些議題不能再丟給非營利組織、社運人士或是慈善家。無論新或舊，每家企業都在苦苦尋思，當顧客開始以更高的道德與倫理標準要求企業時，我們要如何在這樣的一個世界裡運作。

新的一天就要破曉，不管我們是否已經準備好迎接它的到來。

同時，我從自己的員工、顧客和Salesforce其他利害關係人聽到的訊息，也是簡單明瞭：世界在轉變，企業重要的本質以及企業應有的營運方式也需要隨之演進。這些並非暫時或漸進的變遷，它們是永久的結構性轉

---

[*]　編注：本書原文版於2019年出版。

變。為了因應這些未來的挑戰，每家企業最需要的關鍵條件之一，就是Salesforce在20年前列為第一重要的價值：信任。

座談的前幾分鐘，Google母公司Alphabet的財務長露絲．波拉特（Ruth Porat）評述，她相信大眾還沒有對Google失去信任；她指出，畢竟大家還是每天不斷回到這個平台，執行數兆筆搜尋。這樣的論調，我之前已經聽科技業同事說過很多次。

輪到我發言時，我說：「信任必須是公司裡最高的價值。若非如此，壞事就會發生。」

我可以感覺得到，會場裡泛起一陣不安的漣漪。在短暫停頓後，我先指出歷史上監理機關怠忽職守的時刻。我談論科技的口吻，就像談論企業在沒有法規限制下得以販賣給消費者的有害產品，諸如信用違約交換、糖、菸等等。我繼續說，法規已經通融我們的產業多年。「如果執行長不負起責任，」我說，「那麼，我認為除了政府介入，別無選擇。」

我從達沃斯返抵家門時，手機開始響個不停。科技業領袖一個接著一個不斷打來，說我背叛他們。顯然，我打破層級，或跨越某條想像中的界線。他們不喜歡這樣。我的妻子琳恩（Lynne）開始開玩笑的稱呼我為「監理機關」。

當時，四面楚歌的恐怖感受瀰漫我的心頭。做了一輩子的科技信徒，我對於貌似成為科技業「批判長」這個新角色，打從心底感到衝突、矛盾。但是，任何冷嘲熱諷都無法讓我相信，企業要成功，追求成長、創新、利潤或任何其他動機，會比建立與維持大眾的信任更為重要。

　　我決定寫這本書，是因為我真心相信，我們正面臨第五次工業革命，而在這次革命裡贏得信任的企業，是應用第四次工業革命所發展出來的科技改善世界的企業。未來，創新唯有立足於持續不懈而腳踏實地的努力，以提升全人類為目標，才能正向前進。企業和企業領袖再也承受不起將企業目標自外於周遭社會議題時所付出的代價。他們再也不能把他們的使命化為一組二元的選擇：「成長 vs. 回饋」；「賺取利潤 vs. 促進公益」；或是「追求創新 vs. 改善世界」。

　　相反的，企業使命必須兼善兩者。「以行善創造績效」（doing well by doing good）不再只是一個競爭優勢，它會成為企業的基本功。

　　之所以寫作本書是因為我相信，每一家企業與每一個人，從新進員工到坐在角落辦公室裡的人，都有成為變革平台的潛能。不只是因為這是對的事，也是因為在未來，這是成功的必備條件。

2018年在達沃斯那個下雪的週末，我終於發覺，情勢已經開始翻轉。我領導將近20年的Salesforce，現在反過來，引領著我朝新方向前進。

　　許多企業都在談價值觀，但是在動盪紛擾的時代，價值觀面臨最大考驗的關頭，經營管理者通常忘記以營運實踐價值觀。他們視價值觀為昂貴的奢侈品，在做重要企業決策時，價值觀應該只是牆上無害的裝飾品。如果新產品或新計畫看起來無法增進公司陳述的價值觀，許多執行長選擇眼不見為淨，讓自己心安。他們為自己找理由，說追蹤大眾如何使用他們供應給世界的產品，其實不是企業要負責的事。

　　我的前三本書都在討論企業責任。在《慈悲資本主義》（*Compassionate Capitalism*），我首度撰述企業如何讓行善成為績效必要的一部分；在《改變世界的企業》（*The Business of Changing the World*），我分享執行長同儕們如何讓慈善事業成為企業重要單位的故事；至於在《我如何在雲端創業》（*Behind the Cloud*），我記述Salesforce建立事業並把慈善融入企業體的第一個10年。

　　現在，我領悟到Salesforce真正經歷的究竟是什麼，並以此寫出《開拓者》。我們所面臨一連串的領導試煉與考驗，以及那顛簸崎嶇、有時候痛苦、有時候激勵人心的因應過程，最後改變我對企業未來的理解，顛覆我

對企業運作動力的認知。

我在本書字裡行間所分享的經驗，若要說讓我學到什麼，那就是難關當頭時，正是價值觀與文化最重要的時候。無論我們是不是第一次嘗試就做對，我們在Salesforce所選擇的道路，最能支持我們共同的價值觀。這可不只是時而應驗的偶然，而是屢試不爽的定理。

指引這些決策的，若是只有企業經營管理團隊的領導者，故事的發展應該也會不一樣。事實上，我們所做的每個重要決策，幾乎都來自利害關係人的啟發（如果不能稱之為引導的話），其中包括我們的員工、顧客、合作伙伴、投資人和我們在其中生活和工作的社區，若非如此，我們絕不可能克服挑戰，攀登你將在本書中讀到的那些巔峰。

未來的成功，繫於每家企業的每個人都朝著新道路直奔。不管你從事什麼工作，無論你在哪裡工作，若人人都能貢獻一己之力，不但能建立更成功的企業，也能創造更美好的世界。如果要把本書的中心思想濃縮成一個重點，那就是：根植於價值觀的文化能創造價值。

我誠摯期望本書能對你有所啟發，讓你省視自己的內在，問對的問題，並開拓自己的道路。你的下一步，攸關重大。

# 01

# 起點

## 舊金山的貝尼奧夫家

我有兩個讓人跌破眼鏡的冷知識：我大學畢業。不只如此，我主修商業。

　　在科技業同儕的履歷表上有這兩條，算得上是奇葩異類。有無數矽谷創業家和執行長都自豪表明自己為了追求夢想而休學。「輟學億萬富翁」的故事為什麼這麼多，已經不是什麼祕密。雜誌編輯和好萊塢劇作家就是喜愛這種引人入勝的自述。這類故事也在在驗證一個古老神話：在美國，個人成功多半取決於純粹的決心和意志力。開一家公司來學習商業實務的人，才是真英雄。

　　我是相信高等教育蘊藏啟蒙、教化力量的忠實信徒，這點無需多說。但是，我不相信上大學能讓你變成卓然超群的創業家。我在南加大上課，確實讓我的發展更為全面，也激發出我旺盛的好奇心，但是我面臨最困難的商業挑戰，尤其是最近遇到的挑戰，是我在1980年代遇到的教授們根本無法預料到的。

　　不過，有一個面向我倒是真的符合科技創業人的原型：為我奠定基礎的第一個商業課程教室，根本不是一間教室。

　　它不是我家地下室的電腦室，不是我的第一份工作，也不是我向Salesforce潛在投資人發表初階試驗性質提案的董事會議室。我的教室有4個幅射型輪胎，要有含鉛汽油才能跑。那是我父親1970年的別克旅行車。

貝尼奧夫家的別克車是汽車界的大鯨魚，車身將近19英尺長，鑲著仿木飾板。炎炎夏日午後，我光溜溜的雙腿貼著汽車的塑膠合成皮椅，和爸爸一起開著車到處兜轉。大多時候，我們這部可靠的旅行車只是交通工具，把我的父母、兩個姊妹和我，從一個地點送到另一個地點。但是，星期天就不一樣了。到了星期天，它就變成送貨的運輸工具。

我父親羅素（Russell）擁有一家服裝連鎖店，店名叫「史都華服飾」（Stuart's Apparel）。週末時，他會在舊金山灣區巡迴，穿梭於六個據點送貨，而他通常會帶我隨行幫忙。我們把別克車停在庫房門附近，將車尾門放下，挽著一匹匹毛料、麻布、縲縈、棉布、府綢和尼龍布走進走出。

他的店面遍布整個灣區，有時候從舊金山要開一個小時的車才能抵達；因此，我們的週日儀式通常要花掉大半天。在沒有瞪著窗外發呆、沉浸在自己內心世界的時候，我會思考父親的工作方式，藉此打發時間。

週間，爸爸會蒐集所有產品的銷售資料，把最受歡迎的商品送到績效最好的店。我會聽到他說「我們在西田谷購物中心（West Valley Fair）需要粉紅色安哥拉毛衣」之類的話，然後他就放下吃了一半的晚餐，火速衝出門去。1970年代的某個時期，狐兔毛皮外套蔚為流

行，一連好多個多到我數不清的晚上，爸爸忙得不可開交。他接到其中一個經理的電話之後，就把他的商品掛在他裝在別克車貨廂空間的金屬桿上，發動車子，在引擎聲中揚長而去。

客觀來說，我的父親並不是很有個性的人。不像我，他有著6英尺7英寸的高大身材，不過他絕對是個溫和的人：和藹可親、腳踏實地、禮貌周到至無可挑剔，而且永遠那麼有愛心，但是正如他那一代的許多男性，他也是個情感內斂的人。歷經過經濟大蕭條的他，一生都過著節儉的日子。他買的衣服多半是大賣場的特價品，他買的每輛車都是二手車，那部別克車也不例外。

我的祖父佛瑞德‧貝尼奧夫（Fred Benioff）有兩個兄弟，他們在十九世紀末跟著父親從基輔（當時屬於帝俄）移民到舊金山，踏進毛皮這一行。除此之外，我對祖父所知甚少；他在我父親還小時就離開妻小，從此沒再聯絡。我的祖母海倫（Helen Benioff）最後成功的從前夫手中搶下貝尼奧夫家的毛皮事業，開始自己經營。這項事業在西方各地都有據點，她不得不長時間辛苦工作，因此我父親和他的兄弟是靠家族的朋友幫忙養大的。

1966年，我要滿兩歲那年，父親辭去家族事業，自己出來闖蕩。不久之後，他不只是史都華服飾的執行長，也是財務長、採購主管、行銷總監兼銷售主管。這

表示在大部分夜裡，他不是出差前往洛杉磯或紐約（他經常到那些城市的服飾購物區探尋新樣式），就是坐在廚房桌邊手寫記帳，一直忙到深夜11點。因為他一手包辦所有6家店的庫存管理，他的週末時間大部分都花在運送洋裝和運動服上，從一個地點奔波到另一個地點。他唯一的享受是玩多米諾骨牌，有時去釣魚或打獵。

我一向不喜歡殺生，但是我小時候經常扛著12毫米獵槍在肩上。在童年時期，和父親一起到加州聖華金谷（San Joaquin Valley）柑橘樹叢獵鴨、鴿、鹿，甚至野豬，還有到太浩湖（Lake Tahoe）附近的托拉基河（Truckee River）釣魚，與搬運女性褲衫占有同等份量。我沒有特別喜歡這些活動（說真的，是一點也不喜歡），但是，這些是我能和父親一起從事的活動。

那些開著車一家店挨著一家店送貨的星期天，漫長又辛苦。但是這些經歷讓我很早就了解到，我不喜歡零售業，這是我和父親之間最鮮明的差異。羅素‧貝尼奧夫喜歡戶外活動，是工具和木料方面的天才，但是他沒有科技頭腦。至於我，則對電子設備十分著迷，我母親喬艾兒（Joelle）說過，我著迷到在4歲時就把家裡的電話拆了再裝回去。每次我外婆來我們家，我都央求她帶我去Radio Shack電器行。

在我最早的記憶裡，我是個害羞的孩子，很少和其

他朋友約出去玩，對團體活動也敬而遠之，我寧可讓黃金獵犬布蘭迪（Brandy）與我做伴，也不要有人陪。我爸爸沒有對我的社交發展顯露憂心，但是我的行為讓媽媽擔心。她沒辦法說動我去打籃球，連她的朋友來訪，她都叫不動我出來打招呼。我對學校也不是特別有興趣：有一次，有位幼兒園老師要我畫一個圓圈，我直視她的眼睛，故意畫一條直線。雖然我媽媽參加了無數讓她在淚眼中離場的親師會，她還是繼續讓我自由追求我熱愛的事物，而我所熱愛的事物，當然不在教室裡。

我12歲時，收拾在二樓的房間，搬到地下室，因為在那裡可以不受干擾，專心探索我那些奇奇怪怪的嗜好。我在 Radio Shack 買了第一部電腦 TRS-80，兩年後迅速自類比<sup>*</sup>世界退隱。我15歲學會基礎編碼，寫了一個簡單的程式，名叫「如何耍球」（How to Juggle）。我把它寄給某家電腦雜誌，他們付給我75美元。可以說，我就是在那個時候上了癮。

16歲生日時，我用 TRS-80 換購一部 Atari 800，外加外接式硬碟和印表機。那個夏天，我開始在電腦賣場 ComputerLand 兼差，利用工作之餘成立第一家公司，而

---

\* 　編注：類比（Analogy）是較早期電子產品使用的運算方式，以連續性的信號運作處理。

我根據喜愛的程式語言BASIC，為公司取一個超棒的名字：基本電腦（Basic Computers）。

我開始寫電腦遊戲評論；我發現有些遊戲的軟體有錯，於是我寫信給開發商，自願免費為他們除錯。不久，我開始寫自己的遊戲程式。我的第一個作品「權力之征」（Quest for Power）有著曲折起伏的情節；這個遊戲是關於亞瑟王和加哈拉德爵士的故事，玩家要征服一連串的對手並追尋「真理古卷」。

這個遊戲以及我創造的許多遊戲，幫我在6個月內賺到五千多美元，對我那個年紀的孩子來說，是一筆不小的財富。我用這筆錢買第一部車（黑色豐田Supra），還選了一個虛榮的車牌號碼「MRB 82」。那些年我從遊戲賺的錢，最後供我就讀大學。

回首過去，我還是覺得很驚奇，我的父母不只容忍我離經叛道的行為，還給我充分的獨立性，讓我一頭栽進去，完全沉浸其中。每當我告訴別人，我在12歲時獲准把地下室改裝成自己的私人住所，沒有人不嘖嘖稱奇（這樣的反應倒也合理）。回顧往事，我在拿到駕照的當天就宣布我要出差，開車去山景城（Mountain View）拜訪一家電腦公司，因為那趟車程比我曾經獨自開過的路程都要遠得多，我猜媽媽當時一點也開心不起來，但是她還是讓我去了。那年夏天，我還問可不可以獨自一人

搭飛機去英國，為我的遊戲研究城堡，我媽媽說，只要我待在她在里茲（Leeds）的朋友家，並答應每天晚上打電話回家，她就讓我去。

我媽媽說，她放任我是因為她知道我是個固執的人，不肯接受「不」這個答案。但我知道，其實是她在我身上看到一些別人沒有的特質，所以她允許我去追尋，即使這麼做讓她幾乎徹夜難眠。她和我父親都沒有完全理解我為什麼對電腦這麼著迷，但是他們尊重我的拚勁、我強烈的意志，以及我對我所重視事物堅定不移的奉獻，並感覺到我在長大後能受益於這些價值觀。事實證明，他們是對的。

## 不一樣的遺產

我在醫院出生後不久，我媽媽就收到一張表格，要她為才一天大的孩子正式取名。「馬克」（Marc）這個名字是之前決定的，是要紀念我的外祖父馬文（Marvin），但是在我的中間名那欄，媽媽寫下娘家姓氏「路易斯」（Lewis）。後來沒多久，我爸爸罕有的一時興起，決定刪去「路易斯」，在那一欄寫下自己的名字「羅素」（Russell）。我母親同意了。「好耶，」她想，「他很開心有個兒子，真是太好了！」

我不確定自己是否在那一天成為父親想像中的兒子。但我很感恩，他在世時就已經看到Salesforce的蓬勃發展，而我知道他以我為榮。我們一直都是非常不一樣的人，我從來就沒打算接手他的事業，這個態勢在非常早的時候就已經一清二楚。但是，無疑的，父親的從商職涯對我的職涯有很深遠的影響。

　　旅行車裡那些長日漫漫的星期天，父親的工作倫理與剛正不阿，讓我感受良深。財務或庫存可不是開玩笑的，條條項項都要嚴格遵守規定。在他眼中，所有商業決定都是非黑即白、對錯分明。身為父親，他有時候是疏遠的，但是他在工作上建立深切而實在的關係，他會不計任何代價，讓他的員工和顧客滿意，彷彿那才是一家企業最重要的事。

　　即使還是個青少年時，當我想到父親花多少時間出差拜訪供應商、四處載運存貨，以及管理公司的帳冊，就覺得要在類比時代經營一家企業真是困難得讓我咋舌。在我看來，繁雜瑣碎的商業工作似乎已經把他壓得喘不過氣；他深深埋首於處理雜務，很少有時間抬起頭來，關注大局。

　　我知道父親不喜歡談電腦，也無法真正理解電腦日益增強的力量，但是，有時候貨到開箱時，我會懇求他讓我幫忙建立顧客資料庫，把發送促銷傳單的單調工作

變得更流暢。後來他終於勉強同意，但是平心而論，他從來不曾認同軟體可以大幅改善公司的日常營運，讓經營事業變得更簡單、更有效率。

1999 年，我告訴父親，我要辭掉在甲骨文的優渥工作，成立自己的公司，他警告我不要那麼做。他告訴我，我在甲骨文的發展不錯。他沒有說錯，我很幸運，可以領到很好的薪資，艾利森也是個很棒的老闆。但是，我已經下定決心。回首當時，我忍不住會想，要是他知道，他的從商經驗正是點燃我內心醞釀創業構想的引線，他的反應可能會有所不同。

Salesforce 背後的核心理念，就是讓任何企業都可以從雲端（在那個時代就只是所謂的網際網路）輕易取得它在管理營運活動和顧客關係時所需要的各種軟體。我希望像父親一樣的中小企業主，不必向甲骨文或微軟買一堆昂貴的伺服器、授權軟體，也不必雇用一批 IT 專家安裝軟體（然後每隔幾年就要升級新版本），我希望他們只要支付單一訂閱費用，就可以立刻透過網路瀏覽器使用最新軟體，而這不會比在亞馬遜上買一本書費力。

用商業術語來說，Salesforce 做的是顧客關係管理（CRM），但是我們提供的服務遠比它聽起來的更廣泛、更根本，也更密切。顧客或許看不到我們的軟體，但是在一家公司內部，Salesforce 是基礎設施的重要拼圖。

畢竟，無論是哪一家企業，最有價值的資產都是它與顧客的關係，而我們的願景就是為各種規模的企業提供更睿智、更符合直覺的方式，橫跨銷售、行銷、顧客服務和電子商務，與顧客建立關係。最後，我們開始提供工具，協助企業創造新流程、進行app的客製化、分析資料並建構預測模型。

雖然現在看起來理所當然，但我之前花一點時間才追溯到這個核心理念演進的源頭：父親身為史都華服飾經營者的奮戰。要是我不曾近距離看到經營一家小型企業要扮演多少角色，要投入多少漫長無盡的時間，才能維持公司正常營運，我就不會理解Salesforce提供的服務對像他這樣的企業主有何意義。

我很小就認為自己是獨立的個人，在許多方面都與父親截然不同。但是，成立Salesforce多少是盡一個兒子該有的責任。彷彿是想要回到往日，分擔父親的重擔。我或許沒有克紹箕裘，接手他擁有的公司，但是到頭來，我奉獻整個職涯竭力解決的是他的事業問題。

甚至在那之外，我也開始明白，在某個意義上，Salesforce商業模式的各個層面，以及我的領導風格，都反映出父親的指引。他對顧客和員工的真心關懷明顯感染了我：這就是為什麼「顧客成功」是Salesforce的核心價值之一。他也灌輸我遵守會計實務的重要性，這或許

能夠解釋為什麼我一向重視信任和透明度。

沒有母親無私的愛與信心，我不確定自己會變成什麼樣子。但是，我的職涯與我從父親那裡學到的課題顯然密不可分；導師的力量何等強大，這是最好的證明。不過，父親並不是我唯一的老師。

創立Salesforce時，我關注的並不是經營一家活得下去的小企業。我想要它有全球的宏大格局，成為它所在產業的龍頭企業，同時能夠實踐更崇高的善業。

毫無疑問，這個目標來自貝尼奧夫家族另一位成員的啟發。

## 追求進步的熱情

打從7歲左右，在放暑假期間，貝尼奧夫家的別克車就開始從事另一種運送服務。這每一趟運送的收件人全都是我的外祖父馬文・路易斯（Marvin Lewis）。運送的貨物就是我。

外祖父在笛洋大樓（de Young Building）經營一家知名的律師事務所。笛洋大樓是一棟11層樓高的商業聖殿，座落在舊金山市區卡尼街（Kearny street）與市場街（Market street）交叉路口的北邊街角。在還是個孩子的我眼中，大部分高樓建築看起來都一樣，但是外祖父讓我

明白，這一棟特別不一樣。每一次父母送我過去，他都會提醒我，笛洋大樓在狂飆的1890年代首次落成啟用，是當時西岸最高的塔樓。

我抵達後才一眨眼的時間，外祖父就一把拿起外套和帽子帶我出門。我們搭電梯下樓，來到鑲著大理石紋的大廳，穿過氣宇不凡的銅門，走進人潮擁擠的人行道。外祖父的步伐矯健輕快，我盡全力跟上，急著渴望在這場雙人遊行裡扮演好自己的角色。

我把這些散步稱為「遊行」，因為這就是它們給我的感覺。一頭端正茂密的銀髮，一身完美得無可挑剔的訂製西裝，馬文‧路易斯是個超群不凡的人物。父親有多麼謙虛而拘謹，外祖父就有多麼高調而鋒芒畢露。眾人目光都落在他身上的時候，是他最有活力的時候，而他通常也是眾人目光的焦點，這話絕不誇張。

身為律師，外祖父以承接重大、困難的案件聞名。他是精神損害這個法律觀念的先鋒。在一宗1959年的案件裡，一名女士朱安‧戴梅爾（June Daimare）在公寓裡的木梯跌下，她因為身體受到的損害對房東提出訴訟，獲得當時是天價的10萬1000美元賠償金，而幫助她打贏這場官司的正是外祖父。外祖父是加州訴訟律師協會（California Trial Lawyers Association）的創辦人暨第一任會長，後來成為美國訴訟律師協會（American Trial Lawyers

Association）的會長。無論是為案件申辯，或者只是和內向害羞、胖嘟嘟、剪著蘑菇頭的外孫一起在午後漫步，他所做的每一件事都像一件大事。

我們的遊行旅程沒有固定路線，也沒有預設的目的地，但是它們絕對有目標。遊行旅程是對我有益的教育之旅，大致上以外祖父最愛的主題為核心來編排，也就是：進步。

馬文・路易斯對於宏偉、壯觀的土木建設工程有股熱情，這能解釋他對笛洋大樓的推崇從何而來。有一次，我們走到泛美金字塔（Transamerica Pyramid）的建地，他轉頭對我說：「這是這座城市成長的方式。」

還有一次，我們停在使命灣（Mission Bay），他大膽（而正確）的宣告，有一天，「這會是舊金山的未來。」但在當時，使命灣只是個荒涼地區，到處都是船廠、鑄造廠、倉庫和工廠。

我深信他有預見未來的能力。

外祖父也涉足政治。第二次世界大戰結束時，他開始擔任長達11年的舊金山市監督委員。任職期間，他施展他的說服力，推動一項重要的城市建設：建造一套新型、徹底現代化的大眾運輸系統。

1954年，馬文・路易斯公布一項計畫，要建造一條穿越市中心、長15哩、最先進的單軌電車。在他的主持

下，他們發行聯邦債券，用以籌措這個新業務單位〔後來的灣區捷運系統（Bay Area Rapid Transit，BART）〕所需的資金，而這是美國史上經核准、規模最大的地方債券。1972年，BART終於在一片讚譽聲中啟用。根據《財星》（Fortune）雜誌的描述，它是「全世界最優良的捷運」。它先進的自動車廂既輕巧又符合空氣動力學，而且完全由電腦控制。

外祖父對於BART的高瞻遠矚並不只是著眼於光鮮亮麗的列車。他不是那種只是為了建造讓人嘆為觀止的事物而這麼做的人。他的視野也受到他對「進步」的定義所引領。他認為，城市建設計畫如果不能促進他心目中舊金山的根本價值觀就無足輕重，而那些價值是：機會、平等和包容。

他知道，BART能讓居民以低廉的費用，快速在市中心和郊區間穿梭往返，他們能因此找到更好的工作、有更多機會豐富生活。他也知道，BART能紓減橫跨灣區各橋樑日益擁擠的運輸量，緩解交通造成的環境問題。

外祖父矢志為所有人創造機會，他的努力並不是做做樣子。我們散步時，有時候會在市場街遇到無家可歸的流浪漢，而他會掏出錢包，抽出一張20美元紙鈔遞給對方。在當時，給陌生人20美元算是一筆相當可觀的數目。在他眼中，BART是同一種利他理想的延伸。他認為

這個城市應該為市民投資在格局不凡的基礎建設計畫，前提是為了公益。

父親對Salesforce有根本的影響力，不過他的影響力多半是潛移默化、追求務實又充滿關懷，非常像他本人。另一方面，外祖父的影響力卻是鏗然有聲、抱負高遠而精神昂揚，全都讓人無法忽視。

我們簽署Salesforce公司設立文件的那一天，我知道衡量我這個執行長（其實也是我這個人）是否成功的指標，就是未來每個員工能在工作上找到多少意義。若要說我從父親的身教學到什麼，那就是意義無關乎你做什麼類型的工作，也無關乎你賺多少錢。意義來自一種思維：你認為你所做的工作、還有工作時所秉持的道德，才是真正重要的事情。

因此，我想要打造一種文化，讓人們覺得自己每天來上班所做的事真的很重要，讓他們覺得自己的努力對公司獲利以外的事物也能持續有所貢獻，我把這件事列為優先事項。我們一開始就結合志工與回饋，藉此建立富有意義的文化。

於是我決定，無論Salesforce怎麼成長，都要捐獻1%的產品、1%的股權以及1%的員工時間，幫助非營利組織與慈善機構。我毫不懷疑，這個決定是受到外祖父的觀點所啟發，至少部分是如此：他認為進步就應該是眾

人的提升。

1999年春天，Salesforce成立，我們寫下第一個系列的企業價值觀。儘管我們是一家小型的新創事業，但是我們有宏大的願景，要創造世界級的網路企業，要成為銷售人力自動化的領導者。要實現這個願景，不只是召募人員、把功能正常的產品送到客戶手中就好。我們的成功，取決於我們是否有能力建構一種企業文化來堅守我們所抱持價值觀。

那個時代最偏差的觀念，就是認為企業必須在以下兩個選擇裡取捨：要成為賺錢的企業，還是成為改變世界的平台。但事情不是這樣的。根據2018年全球策略小組（2018 Global Strategy Group）的一項研究，有81%的美國人同意，「企業應該採取行動，因應社會面對的重大議題」；76%的人同意，企業應該「在政治上為它們的信念挺身而出，無論它們的信念是否具爭議性」。這些數字一直穩定增長，也會緊隨著我們身處的這個世界變得日益複雜而繼續攀升。

不管以任何指標來衡量，Salesforce的營運都表現得可圈可點，而它的善業也成果斐然。在我寫作的此時，也就是Salesforce成立20年後，「1-1-1企業慈善計畫」已經貢獻將近3億美元的捐助金與4億小時的員工志工服務。有超過4萬家非營利組織與非政府機構（NGOs），

免費或是以超優惠的價格使用Salesforce的產品。我一向把這視為獻給外祖父的禮讚，同時這也是我們有別於大部分企業的一個原因。

但是，一直要到幾年前，我才真正看清楚Salesforce確實是外祖父遺澤菁華的化身。他是我見過最富開拓者精神的人。對於一個更美好世界可能的樣貌，他懷有願景，也有追求願景的個人信念。BART從醞釀成形、匯集資金到實現願景，都不是一個實用主義者會做的事。這是以價值觀為本的想像力的勝利。

## 以價值觀為本的想像力

我明白，我分享的個人故事或許會讓你造成錯誤印象；本書不是一本回憶錄，也不是某種美化的傳記。

同時，企業的意義終究取決於人，而人對於教師和導師的教導，不是選擇吸收，就是主動反抗。身為Salesforce的創辦人兼共同執行長，除非你理解我這一路走來的歷程，否則我無法期待你評價我對未來企業的想法。我想要在這些書頁裡分享的想法，如果聽起來像是空洞的陳腔濫調，就無法銘印人心。

或許你會看到，我的成長過程與你有些相似之處，或是完全沒有交集，不管是哪一種都沒有關係。我認為

我們都同意，條條大路通羅馬。父親和外祖父是我人生中最早、對我最具影響力的商業導師：父親給我一扇真實的窗口，完整看到小型企業主繁雜瑣碎、無止盡的營運挑戰與痛點，他也讓我明白，誠實、信任、以員工與顧客為優先的價值；外祖父教導我用宏觀開闊的視野思考世界，我從他那裡學到，只有培養想像力和信心，以大無畏、意義非凡的方式表達信念，才能淋漓盡致的活出你的信念。我希望，在我從他們身上記取的課題裡，你也能從中找到一些實用的東西。

當然，我的導師不只這兩位，你會在全書中讀到其他導師的故事。但是，要介紹導師這個觀念，就必須提到我有幸在家族裡遇到的女強人們，以及我從她們身上所學到各種不同但都很重要的人生課題。祖母海倫・貝尼奧夫讓我見識到何謂頑強的決心，在她丈夫帶走家裡所有錢財、把兩個年幼的兒子丟給她之後，她掌管家族的毛皮事業，成為成功的女老闆，這在當時是罕見的成就。外祖母芙烈德莉卡・路易斯（Frederica Lewis）載著我去打零工，讓我賺到足夠的錢，到Radio Shack買下第一部電腦（然後為我的Atari遊戲寫配樂），以確保我能體會到耐心和努力工作的價值。母親喬艾兒・貝尼奧夫讓我明白，在沒有什麼人相信你的時候，沒有什麼比父母的愛與鼓勵更珍貴，她一直是我最大的支持者。

妻子琳恩是我最極致的啟發力量、我全方位的伙伴，也是我們家的核心。我回到家時，她經常告訴我：「從你的肥皂箱上走下來，停止高談闊論，我們來聊聊這裡真正重要的事。」我們討論需要做哪些事以及它們的急迫性，從幫忙根除舊金山的遊民危機、安頓流浪街頭的家庭，到在灣區建造世界級的醫院以改善兒童的醫療照護，還有保護地球的海洋不受污染。對於真正重要的事，我們從最親近的人那裡點點滴滴累聚了多少智慧，是怎麼說也都不過份的。

　　今日更甚於以往，我們必須盡可能尋求智慧。第四次工業革命提升我們的知識，釋放新的轉化力量，但是也帶我們走到歷史的危急時刻，面臨不平等日益擴大、地球讓人日益憂心等挑戰。第五次工業革命來臨時，企業的本質與我們在其中扮演的角色，勢必歷經根本變革，才能因應前方的全球挑戰，並改善世界的處境。

　　無論你是掌管數千名員工的經理人，或是領導小型團隊的主管，還是剛投入職場的新鮮人，你都要摒棄過客的思維，這點很重要。你必須放下對不熟悉事物的恐懼，以你的價值觀作為羅盤，動手開拓新的途徑。

　　這正是我們所有人培養對進步的熱情、開發想像力以實現進步的時候。

　　開拓更美好的未來，就靠我們了。

# 02

# 價值觀

## 你做的事很重要

280號州際公路往舊金山方向，我開著車，在霧裡緩慢前行，這時我的手機亮了：有來電。我瞥了一眼電話螢幕，查看來電號碼。

　　我立刻認出那是印第安納波利斯（Indianapolis）的區碼。

　　我剛剛在山景城的電腦歷史博物館（Computer History Museum）發表一場兩個小時的演說，我期待路上有一點時間可以讓我釋放壓力，或許還可以讓我神遊放空一下。來電當下，那些盤算立刻作廢。我知道我必須接這通電話。

　　來電者是史考特・麥克寇可（Scott McCorkle），他可不是那種會在快下班時打電話找我閒聊的人。印第安納波利斯是我們在舊金山以外最大的營運樞紐，而身為Salesforce行銷雲端事業部主管的史考特，在那裡管理1萬2000個人。

　　史考特正在處理一個令人苦惱的情況，我料想他需要我的意見。電話一接通，我可以從他透著不祥的聲音裡知道，我猜得沒錯。

　　「聽著，馬克，」他說，「你應該不知道這裡發生什麼事。」

　　2015年那個多霧的三月天，我的經營管理團隊和我一直密切關注印第安納州一件事的發展：州立法機構通

過「宗教自由恢復法案」（Religious Freedom Restoration Act）。表面上，這項法案能讓有信仰的人捍衛自己的原則，抵抗他們不樂見的政府侵犯行為。然而在實務上，我們心知肚明，它的目的是替該州的企業主打開法律保護傘，讓他們可以用自己的宗教觀當擋箭牌，合法歧視LGBTQ顧客。

我們發函請求州長拒絕簽署這項法案。身為該州最大的科技業雇主，我們認為，我們的強烈反對，再結合像是康明斯引擎（Cummins）、禮來製藥（Eli Lilly）、羅氏醫療診斷（Roche Diagnostics）等以印第安納州為總部的企業所發起類似的抗議，就能阻止該案的立法。即使如此，我們還是告知在印第安納州的員工，如果他們覺得受到威脅，Salesforce會調派他們到其他地點工作。我們當時的「員工成功部門」（相當於人力資源部門）主管辛蒂・羅賓斯（Cindy Robbins）已經為此著手準備，這讓我大大的鬆一口氣。

印第安納州事件不過是我們當時要搶救的其中一場野火，我沒有費太多心思。但是事情在剎那之間起了變化。史考特的電話捎來可能出現最糟糕的情況：印第安納州長麥克・彭斯（Mike Pence）決定簽署立法。

「這就是不對，」史考特說，「這是歧視。我們的員工感到恐懼。」

我完全同意史考特的想法，我謝謝他打電話來通知我。但是，他打電話來不只是為了讓我知道最新狀況。他打來是為了問我一個問題，那是一個讓我完全猝不及防的問題：

　　「你打算怎麼做？」

　　2015年，我以為我把Salesforce經營得還不錯。歷經16年的奮鬥，我們成為CRM卓然出眾的領導者，年營收接近100億美元。我們已經是全球頂尖的軟體供應商，最近還擴張產品線。用任何想得到的標準來看，Salesforce都是狂飆中的成功企業。除此之外，我們以奠定公司基石的三項價值觀（信任、顧客成功與創新）為核心，建構一種正向、負有使命感的文化，這也讓我感到自豪。

　　所以我要表態。我開上高速公路，我想我的道德立場相當堅定。但是，在史考特撥這通電話給我之前，我已經變得如此滿足於現狀，甚至沒有想過要為印第安納州的事件多加把勁。

　　我告訴史考特，我會再打電話給他。

　　突然之間，有一股疑慮湧上我的心頭。我知道這項法律錯得離譜。但是我也知道，身為一個土生土長的舊金山人，兼容並蓄的觀念對我來說理所當然，以致於我無法完全理解這項法案背後的勢力。除此之外，我不確

定Salesforce或任何企業要如何應對明目張膽歧視LGBTQ員工的政府法案。畢竟，我是科技公司的執行長，不是政治人物。監督企業一向是政府的工作，從來沒有由企業來監督政府的份。

員工的電郵和電話開始從公司各個角落進來，一封封、一通通，涓滴匯聚成流。我們的員工不只是鼓勵身為執行長的我大膽採取行動，對抗這項法律，他們還是在要求執行長有所作為。正當我以為我已經摸透世界的時候，才發現自己孤身一人在一個不熟悉的領域裡。

我已經習慣與產業裡的競爭對手對陣，像是甲骨文、微軟和思愛普（SAP），但是要對抗州立法和州長，那就是另外一回事了。我是民主程序的堅定信徒，而以這個案件來說，選民已經透過他們選出的官員發聲。

同時，我知道此事有更為重大的層面。我們如何回應，在在反映出Salesforce是哪一種企業。我們在印第安納州的員工告訴我，他們害怕在一個容許歧視的州裡生活與工作，而保護他們、讓他們安心是我的工作。

有些讀者可能會感到訝異，說到政治，我一度是共和黨人，不過現在我是獨立選民。我曾為小布希（George W. Bush）與歐巴馬（Barack Obama）提供建言；2016年大選期間，我曾以個人名義為希拉蕊・柯林頓（Hillary Clinton）舉辦募款會；等到川普執政時，我以商

業領袖的身分到白宮做客，談論人力發展和科技訓練計畫，也沒有任何掛礙。Salesforce不是政治組織，我們的價值觀與政黨立場無涉。

我望著窗外，可以看到280公路沿途的地貌輪廓，這景象熟悉到會在我的睡夢中浮現。但是在我心裡，我覺得自己彷若在遙遠的喜瑪拉雅山間漫遊。

我想到外祖父馬文・路易斯，是他讓我明白進步和原則只有相輔才能相成。我們必須讓價值觀引領我們。

我知道，我要做的不是思慮縝密的企業策略。在這場正迅速蔓延到全美國的爭議事件裡，我要做的事將會成為推波助瀾的力量，讓爭議擴大升溫。它也會引來批判。絕對有人（甚至是我尊敬的人）會質疑我這樣捲進一場政治爭端，是否有任何意義。

不過，我拿起手機，打開推特，鍵入一則訊息：「由於我們員工與顧客對宗教自由恢復法案的憤怒，我們被迫大幅縮減在印第安納州的投資。」

我發布這則推文，加入激烈論戰。

原本安靜的車廂裡，我可以感覺到我的心在狂跳。當然，我寫的每個字都是我的真心話，但我只有一個人，Salesforce只是一家企業。我知道我必須做好準備，撐住我所提出的不是那麼含蓄的威脅。

好，我自問：接下來呢？

————————

　　24個小時之內，我鬆了一口氣，因為我發現在這條路上自己並不孤單，類似的聲明開始在整個推特圈此起彼落的迴響著（雖然都還不是出自其他企業領袖）。以印第安納波利斯為總部的非營利組織「全美大學體育協會」（National Collegiate Athletic Association，NCAA）在一項聲明中表示，「我們特別關注這項立法對我們學生運動員和員工的影響。」甚至連屬於共和黨的印第安納波利斯市長葛瑞格‧巴拉德（Greg Ballard）都回應這則新聞，說他的城市會「奮力成為吸引企業、會議、遊客和居民的好客之地。我們是一個多元城市，我希望每個來訪、居住在印第安納波利斯市的人，在這裡都能感到安適自在。」

　　不久之後，Salesforce的法律顧問艾美‧維佛（Amy Weaver）以及我們的政府事務主管吉米‧格林（Jim Green）召集一支團隊，聯絡想法類似的企業、州政府、社群團體，以及想要撤銷或修改這項法律的LGBTQ聲援團體。他們飛來印第安納波利斯，在美國商會（Chamber of Commerce）附近紮營，這裡已經成為外來聲援團體的熱點中心。

　　如果我真的想要傳達我們的企業價值觀，我知道不

能請別人代我發言。於是，我開始和我們的員工、顧客舉行視訊會議。我也聯絡朋友，我發電郵給數十位執行長，還在晚餐桌上遊說其他人一起加入。

雖然我踢開這道門，但還是需要更多人進來，而要說服他們這麼做並非易事。許多執行長都有強大的平台，但當時是2015年，他們都厭惡涉足社會事務，尤其是有政治意涵的議題。他們有些人從來沒有給我回音，有些人斥責我把自身的價值觀置於股東價值之前，還有一個人警告我，我對印第安納州下的戰書，會讓「自己成為眾矢之的」。即使是我多年的導師、前美國國防部長、參謀長聯席會議主席柯林‧鮑威爾（Colin Powell）將軍都警告我，我的倡議可能會讓公司被放在顯微鏡下，接受不必要的審視。「爬樹時，要小心留意你的高度，」他告訴我，「因為這會讓你弱點畢露。」於是我開始擔憂，我是不是讓自己以及公司陷入接踵而來、不樂於見到的後果。

我承認我開始有點畏縮。然後我想起最近在阿肯色州發生的事件。總部在阿肯色州的沃爾瑪（Walmart）以及在那裡有1700名員工的安客誠（Acxiom）曾經譴責過一項類似的法案。他們的反對推了阿肯色州長阿薩‧賀勤森（Asa Hutchinson）一把，促請州立法機關做出改變，而立法者也確實改變立法。

我告訴媒體，彭斯州長一直都支持Salesforce在印第安納州的擴張和投資，但是只要印第安納州允許歧視，我們就無法繼續擴張並投資。我們宣布，我們計畫把印第安納波利斯的一項年度顧客活動搬到紐約，把這項活動的1萬名參與者和800萬美元支出送出印第安納州。

　　第二天，有些政治人物稱我為「企業惡霸」，不顧一切的運用經濟勒索手段，干擾民主程序。有些股東和顧客告訴我們，他們要賣掉我們的股票，或是丟掉我們的軟體。

　　接著，漸漸的，其他企業領袖開始跨過門檻。Yelp的傑瑞米・史托普曼（Jeremy Stoppelman）謝謝我「為我們其他人掩護，讓我們可以放心發聲直言」。

　　YouTube執行長、Salesforce董事會成員的蘇珊・沃西基（Susan Wojcicki）也支持我，而蘋果的執行長庫克（Tim Cook）也在《華盛頓郵報》（The Washington Post）投書，表示「美國的企業界很早就體認到，各種形式的歧視都會危害企業」，並鼓勵其他人挺身而出，反對這項立法。

　　Levi's、Gap、PayPal、推特、禮來和其他企業很快跟進，同聲呼籲州長駁回法案，而全國各地的市長與州長也在此時對印第安納州祭出官方旅遊禁令。獨立搖滾樂團威爾可（Wilco）也取消即將在印第安納州舉行的巡

迴演唱會。

幾天之後，我人在健身房時，我的手機響了。電話裡的人說：「印第安納州長在線上，要和您說話。」

州長接過電話：「馬可，這是怎麼回事？」

寒暄過後，我決定直搗黃龍，我對他說：「你必須改變這道法律，否則我們會發動一連串重大的經濟舉動，抵制印第安納州。」

這時，我們的對話開始變得緊張。州長問我，「你們」（他指的是反對這項法案、由《財星》500大企業組成的鬆散陣線）接下來會怎麼做。

「我們要怎麼合力解決這個問題？」他問道。

我解釋道，我們唯一的目標是確保人人平等。只要印第安納州致力於平等對待每個人，反對就會消失。事情就是這麼簡單。

就在彭斯州長簽署歧視法案通過立法、歷經動盪的6天之後，他在3月31日召開一場電視記者會。「我們有認知問題，」他承認。兩天後，他簽署一份修改後的法案，載明企業主不能因為顧客性向而援引這個法案主張歧視。

雖然我們明顯獲勝了，我卻不能說我們能為這個結果「慶賀」。我寧可這場抗爭從來沒有發生過，但我為公司各層級員工的動員感到驕傲。這是我第一次完整看

到我們所打造的文化有多重要。對於公司，還有我的執行長角色，它就像是一個岔路口的重要指標。

我們的員工基本上對我進行測試。他們需要知道，我是否願意不論後果如何都堅持原則，這樣他們才能覺得受到保護，可以自在的在工作上展現真我。

————

結果，印第安納州的爭端完全沒有損及我們的事業。正好相反：在那之後的幾個月，Salesforce繼續在盈餘和成長上創下新高紀錄。真要說的話，在這場攸關美國社會正義與價值觀的全國對話裡置身核心，其實拉抬了我們的知名度。

在當時，我的信念讓很多人感到害怕。許多商業人士，尤其是在華爾街的那些人，傾向認為執行長的責任在跨出企業園區範圍時也就隨之打住，而所有的公司領導者都應該自制，至少在公開場合，只以討論商業事務為限。

幸好，這種觀念已經開始改變。近年來，愈來愈多領導者已經開始討論比盈虧更重要的問題。蘋果執行長庫克、默克藥廠（Merck）執行長肯尼斯·弗雷澤（Kenneth Frazier）、美國銀行執行長布萊恩·莫尼

漢（Brian Moynihan），還有許多其他執行長，都在領導角色裡實踐價值觀，並懷抱社會使命，並把這些價值觀和使命融入企業，就像聯合利華的保羅‧波爾曼（Paul Polman）和百事可樂的盧英德（Indra Nooyi）在執行長任期裡的作為。全球最大的投資公司、管理資產規模高達6兆美元的貝萊德（BlackRock）董事長兼執行長賴利‧芬克（Larry Fink）是對這項新哲理直言不諱的支持者；2018年，他通知貝萊德投資組合裡的所有公司，必須「不只是提出財務績效，也要展現公司如何對社會有正向貢獻」。

但是，讓我在這裡聲明：印第安納州事件最終讓我明白，企業的道德方針不是單一個人的責任。我的員工所打出的電話、以及發送的訊息證明，領導者如果不採取行動，就必須面對基層往上直衝而來的「刺刀」。一家對價值觀沒有任何堅持的企業，也能夠召募、留住一流人才的時代已經過去了。

在即將來臨的「行善企業」（business for good）時代，每一個在早上按掉鬧鐘去上班的人都能盡一己之力。這不只是關乎「長」字級人物的言行舉止，它關乎在店面現場或一排排辦公室隔間裡發生的事。就像執行長遇到與他們價值觀相衝突的社會議題時無法視而不見，員工也不能假裝自己對領導者決定做的事完全無能

為力。如果領導者不能實踐公司的價值觀，各層級員工都必須對領導者問責。

在過去，大部分人都把良心列入企業資產負債表的「其他資產」項目中。但事情已經不再是如此。在未來，企業必須接納「價值觀創造價值」的觀念，否則就不會成功。

## 他們的名字是「開拓者」

2016年，我請我們的開發商關係團隊領導者亞當·賽利曼（Adam Seligman）與莎拉·富蘭克林（Sarah Franklin），為我們最先進的一群Salesforce執業人員規畫一場春季活動，也就是那些精通我們的軟體並在他們公司內部使用的人。即使他們沒有為我們工作，這些執業人員仍是我們團隊珍視的成員。他們是極為重要的創新者和宣揚者，不只是為我們的產品，還有我們的文化。

亞當和莎拉著手為這些執業人員和品牌大使規畫活動時，第一件工作就是為他們取個名字。「我要怎麼稱呼這些人？」我在與高階主管的一次會議裡問道。

我們為此辯論了一番，但是討論仍然陷入僵局。接著莎拉開口了。「我們叫他們『開拓者』（trailblazers）」她說。

這個詞並沒有立刻深得我心。我知道我們開發了Trailhead線上訓練課程，但我更在意的是名字要能捕捉到這個群體的精神，而不是有利於打造品牌形象。不過，從另一方面來說，我不是日復一日跟著這些人從事基礎工作的人，我對他們的了解，沒有像莎拉那麼透徹。

第二天，名字仍然沒有定案，莎拉寄給我一封我永遠不會忘記的電子郵件。關於領導者對團隊和組織必須抱持的期許與必須倚重的思維，這封郵件寫了我所讀過最好的總結。「他們想要學習，想要讓世界更美好，他們不怕探索，他們渴望創新，他們喜歡解決問題，也樂於回饋他人，」莎拉寫著。「他們關心文化和多元性。他們是開拓者。」我被說服了。

令我驚訝的是，「開拓者」一詞在我們員工、顧客和伙伴的大家庭裡開始流行，熱門到我們所製作、在胸前印有這個詞的黑色帽T庫存迅速見底。我甚至用「開拓者」作為下一場在Dreamforce大會的專題演說主題。Dreamforce是我們在舊金山舉辦的軟體研討會，是我們的年度盛事。

但是，開拓者思維不限於科技或是軟體。開拓者是像莎拉這樣的人：有想法、有信念，也不怕說出來。他們是像麥克寇可這樣的人：在看到別人遭受歧視或威脅時，會按下警鈴。他們也像支持我們在印第安納州事件

採取立場的無數員工、顧客，甚至是競爭者，因為他們一眼就可以看出來，偏狹和恐懼是進步和獲利的敵人。他們相信自己可以為一個更美好的未來貢獻一己之力，這樣的人，在全世界各個角落的任何領域、產業或公司，都有他們的身影。

讓我起心動念寫作本書的領導挑戰，後來變成迫切的要務，而在此之前，我曾經以為我了解Salesforce。這個名字所引起的廣大迴響是第一條線索，顯示我們的商業模式、我們的價值觀和我們的成立宗旨「回饋他人」，都已經化作集體思維，讓人們能釋放自己而自由，不再只是接受世界的現狀。這樣的人，即使沒有地圖，也矢志要跋涉蠻荒，穿越無所拘限的地域，這樣的決心正在改變企業，以及企業周遭的世界。「開拓者」已經成為我們文化的焦點。

───────

在未來，我們遵奉的原則，以及我們怎麼討論、應用這些原則，在任何一家興盛的企業，都會是基本營運事項。這不只是因為扮演一個負責任的企業公民是對的事，也因為這是消費者的要求。

我知道這是相當具有衝擊力的觀念。它可能不符合

你預期會在商學院裡學到的東西。因此，在接下來幾章我會告訴你，Salesforce的價值觀以及我們的開拓者社群，對 Salesforce 的營運成果究竟造成怎麼樣的影響；我也會告訴你，我是如何了解到，不管你的公司從事什麼業務，無論你的顧客是誰，真正的價值可以歸結為一件事：記得你所主張的事物。

我認為，唯有信任會是適當的起點。

# 03

# 信任

## 天字第一號價值觀

我與豐田汽車的關係淵遠流長，最早可以追溯到1982年。當我還是青少年時期，我用寫電玩遊戲所賺的錢買了第一部車：黑色豐田Supra。

　　當時，我對這家企業的讚賞，是因為這部車動人吸睛、有稜有角的線條，還有在踩油門時發出那種誘惑無法擋的引擎聲。物換星移，我對豐田的喜愛只有增長，雖然這份喜愛變得比較不是發自情感，而是基於智識。

　　之所以會有這種轉變，是因為豐田無可匹敵的品質和可靠。它以此征服美國汽車市場，創造令人驚嘆的成就，而它所憑藉的就是竭力「改善」（kaizen），這是一種持續進步的理念。我在修習商業並展開自己的職涯時，開始盡我所能的去了解豐田，我還仔細觀察豐田的執行長、創辦人的孫子豐田章男的崛起。很快的，我對這家公司深感敬佩，尤其是豐田先生的格言以及豐田的象徵：「沒有最好，只有更好。」

　　因此，2010年2月5日，我是抱著沉重的心情，收看在日本名古屋豐田總部附近倉促舉行的一場記者會。會中披露這家公司73年歷史上不曾發生過的事件。

　　當時，豐田才剛超越通用汽車，成為全球最大的車廠。但是，就在豐田與它的執行長應該歡慶這項長久以來所追求的成就時，他們卻面臨一連串令人不安的安全召修，包括故障的油門踏板。雪上加霜的是，根據新

聞報導，豐田在了解問題的嚴重程度後，卻行動緩慢，引來美國主管機關的嚴格審視。豐田辛苦贏得的品質信譽，在全世界面前崩壞損毀。

表面來看，這是標準的警世故事，對於野心勃勃追求業績目標勝過一切的企業來說，不啻是一記警鐘。如果要說我從觀察父親經營的企業中學到哪一件事，那就是辜負顧客絕對不是好策略。如果你製造的產品是讓顧客可以靠它安全的往來各地，讓他們的家人可以安全的上班、上學、參加足球練習、上雜貨店，你最不應該失去的，絕對就是他們的信心。豐田基於價值觀建立了信譽，而其中最重要的價值觀就是信任。

身為創辦人的孫子，豐田先生把至少800萬輛車的召修，以及所有猛烈的抨擊炮火，都視為是個人毀譽。在記者會上，面對眾多鼓譟的記者，他表示他對這些問題在大眾所引發的憂慮「深感後悔」，並向大家保證，改正這個狀況是他的「個人責任」。然後，他鞠躬道歉。

我立刻體悟到這個謙卑舉止的重要。這樣的一鞠躬所象徵的羞恥感，在日本是強而有力的文化圖騰，而這個傳統也體現在武士和軍隊的士官將領身上：他們在戰敗或失去個人榮譽時，會以刀劍自裁。我看得出來，他是真心誠意的道歉。我也知道，這還不夠。

每位執行長都必須巧妙的與兩項重要事務共舞：信

任與成長。智識上，我們都知道，不管任何時候，只要把成長置於信任之前，問題終究會出現。即使是最優秀的領導者、最受尊崇的企業也無法倖免。豐田先生在美國國會中發言時坦承：「我們追求成長的速度，超過培養人員和組織所能達到的速度，我們應該真誠的留意到這點。」

等級如此重大的危機發生時，通常是執行長必須重新設定公司價值觀的訊號，除此之外，還必須確保訊息如瀑布般往下傳遍公司的每個層級。如果執行長不做轉變，那麼繼續坐在這個位子上的時間可能不會太長。豐田先生誓言要修正這個情況，他對他的承諾不曾動搖。「每一部車都有我的名字。我以個人向你們保證，豐田會努力不懈，重建顧客對我們的信任，」他告訴國會。

我在我的客廳，看著這一切以現場實況進行。有個構想的種子開始在心裡成形。

————————

我第一次去日本是我在甲骨文平步青雲的時期，當時我負責的業務是介紹專為日本市場設計的新產品。而我也是在那段時期開始努力尋找工作上的意義。

那時我剛滿30歲，坐擁矽谷科技業的高薪工作，在

外人眼中看來風光極了。但在我眼中，表面的光鮮亮麗已經剝落褪色。我開始夢想追求更恢弘高遠的目標。

每一次到日本，就會感受到一股強烈的清明感，有一種重新找尋生命力、重新啟蒙自我的欲望立刻湧現心頭。一直到今天，那些彷彿有魔力般深深牽動我心的島嶼，對我來說仍然有一種特別的氛圍。因此，當我決定摸索禪學時，我買了去京都的車票，這絕非偶然。

位於京都西北的龍安寺，是我展開一生修練「初學者之心」旅程的起點 —— 或是日文所說的「初心」（我會在後文對此有更多著墨）。我開始安排年度旅行，而且通常會邀請朋友與我同行，津津有味的向他們介紹日本的生活方式。

日本令我著迷的一個地方，就是日本企業有一種本事，可以創造巧妙、有效率而美感獨具的事物，諸如汽車和相機等大眾市場產品，到設計師T恤、食品和藝術等，包羅萬有。這是一個重視創新與設計大師的國度。因此，說來並不特別意外，在我們創立Salesforce一年後，東京成為我們在美國以外第一個設立據點的城市。

選擇日本作為第一個海外據點，主因並非我喜歡去日本，這件事頂多只是加分。對我們的事業來說，這個國家本來就是一個前景無限的市場。積年累月下來，Salesforce得到許多知名的日本客戶，包括佳能（cannon）

和日本郵政。豐田還不是我們的大客戶，但是我渴望他們能成為我們的大客戶。我有信心，Salesforce有適當的產品，能幫助這家公司修復與顧客的關係。我讓我的日本團隊知道，我在研擬一些構想，準備在爭取到拜會豐田時使用。我從來不敢想像，機會竟會那麼快到來。

在產品召回的一年後，我們終於和豐田先生以及他的最高經營管理團隊敲定會面。他們為了參加底特律汽車展來到美國，安排在返國前到Salesforce在舊金山的辦公室拜訪。「興奮」一詞還不足以形容我的感受，能見到心目中的企業英雄可不是什麼稀鬆平常的事。

只有一個問題。豐田先生提議的拜訪日期，我已經安排到夏威夷的家庭假期。我不能跳上回加州的飛機，讓我的老婆和孩子失望，於是我只能懷抱個人最真心的惋惜，婉拒豐田先生的邀約。

不可思議的事發生了，豐田先生居然同意飛來夏威夷。我不知情的是，他在夏威夷有間房子，而且離我住的地方不遠。我想我在內心深處知道，要說服他相信我們能幫助他贏回顧客的信任，我首先必須贏得他的信任。而要贏得他的信任，還有哪裡會比恬靜的夏威夷島這個總是讓我感到最平靜而專注的地方更好呢？我想，這顯然是命中注定。

一連好幾天，我都在紙上塗寫我的構想，但最後只

是把它們折起來丟掉。我一遍又一遍自問：**這樣的一家全球企業，在歷經不曾想像的危機之後，要為贏回顧客的信心而奮戰，對它來說，什麼東西最有用處？**

我相信，豐田現在需要的是與顧客建立關係的新願景。它需要找到方法修復、強化這些情感連繫，以觸動那份曾經的感動和連結感，那是年少的我第一次坐在方向盤後方的感受。突然之間，我有了靈感。

2010年，我們開發一項名為「話匣子」（Chatter）的產品，那是一種供企業使用的社群協同合作應用程式，它運用個人檔案、狀態更新、群組和即時動態等各項特色功能，因消費者導向的社群網路而大受歡迎。我想到，要是能夠以Chatter為基礎，建構一個社群網路，用多種方式讓駕駛人與更廣大的社群連結，那會怎麼樣？如果不再讓豐田的顧客把車開出車廠後、一直到車子需要保養維修服務之前都不見蹤影，而是讓他們每次用鑰匙啟動引擎時都感覺到公司在旁邊協助，又會怎麼樣？我認為，我們的解決方案就是將豐田駕駛人、經銷商和公司總部連結起來，培養品牌與顧客之間更深厚的信任。

距離會議開始只有48個小時的時候，我打電話給丹恩・達西（Dan Darcy），他曾經與我在Salesforce執行一些規模最大、轉型程度最高的專案。他召集一支銷售團隊，規畫一場現場簡報，並製作一份簡報檔案，說明這

個概念要如何運作。

　　除了雄心勃勃的提案，我們還需要為客人營造熱情好客的氣氛。我知道在日本文化裡，送禮是大事，於是我請在地藝術家為豐田先生專屬的衝浪板繪圖，主圖是太平洋的景色，側邊鑲著夏威夷的花和樹。我們也準備繪有花朵圖案的夏威夷短褲、T恤和拖鞋，送到我們客人落地的機場。

　　天氣預報說會下雨，但是在會面的那天早上，我很感恩這次預報不準。那一天陽光普照，天氣美麗如畫。我穿上白色亞麻長褲和夏威夷花朵圖案的黃色襯衫（我就是忍不住），然後等候他們大駕光臨。

　　我打開前門時，豐田先生和我鞠躬握手。不可思議，他和隨行的人都穿上我送給他們的便服。那個場面相當奇妙：一群掌管世界最大企業之一的高階經理人，卸下平時完美考究的訂製西裝和亮晶晶的皮鞋，換上一身準備衝浪的行頭。

　　豐田先生和我一見如故，隨著團隊成員在我們身邊就位，我們迅速步入餐廳，享受那裡的景觀。我承認，坐在我海灘邊的家，以太平洋的景緻當背景，比坐在摩天大樓的會議室裡更讓人放鬆。我感覺到那一層客套已經消除，希望這有助於他們打開心胸，仔細聆聽、思考我們的構想。

我們望向屋外那一片隔開我們兩個國家的汪洋，我告訴豐田先生我對日本的喜愛，以及開著那部黑色Supra的快樂回憶。我這麼做並不是為了討好或是奉承，我想只要是在商業界打滾久了的人都知道，商業關係就像生活裡的其他人際關係一樣，都是關乎連結，而不是交易。商業是一時的，關係是永久的。這表示商業關係必須真誠，建立在共同的立足點上。

　　接著，我說出我們的構想。「想像一部與車主有信任關係的車，」我如此開場，「想像有一部車能告訴它的主人，輪胎沒氣了、下一個加油站在哪裡，還有什麼時候該檢查維修。不過，遠遠不只如此。它還能幫助顧客與公司、經銷商、技師、甚至其他駕駛人，建立信任與個人化的關係。」

　　起初，豐田先生看起來猶疑不定，這個反應可以理解。他站在汽車科技的風口浪尖上多年，但是他不屬於數位原生代。「這是我第一次接觸社群網路，」他承認，「你是怎麼稱呼它來著？」

　　「一部車應該像一個值得信任的朋友，」我說，「因此我們叫它『豐田之友』（Toyota Friend）。」

　　豐田先生報以微笑。「我們可以用那個名字嗎？」他問道。

　　「可以（hai）！」我用日文斬釘截鐵的回答。

那一天，「豐田之友」的構想深得我們賓客的心，在他們離開之前，我們開心的承諾要和他們一起打造這項計畫。這個概念超越時代，豐田投入多年時間，才把我們的技術與其他公司的技術完全整合，實現這個願景。但是，一旦他們實現這個願景，很快就清楚看到這個構想是對的。在接下來幾年，其他汽車大廠也複製這個模式，建構自己的願景。今日，豐田的5000個營運據點以及280家經銷商都在使用Salesforce，從以汽車為中心的模式，**轉變**為能夠創造信任、以顧客為中心的模式。

在個人層面，我最滿足的是豐田先生和我變成一輩子的朋友。這些年來，在幾次的日本之行裡，我們相聚，他慷慨同意在Salesforce的一些活動演說。創造這種關係的不是任何產品或科技，是信任凝聚我們兩人以及我們的公司。

今日，那個危機看似一個遙遠的記憶，豐田已經再度成為全球深得信任、備受推崇的品牌。引領這家企業重返榮耀的，正是它一開始達到那個地位所憑藉的同一個價值觀。


## 和盤托出

2018年秋天，我飛到底特律參加商業理事會（The

Business Council）的會議，那是給執行長參加的一個組織，可以讓他們藉此分享經營最佳實務，並探索具挑戰力的新構想。沒多久，對話就談到一個熟悉的主題：許多機構正面臨信任的磨損。對於會議現場的《財星》100大企業經營管理者來說，這個趨勢並不是什麼新發現，但是情況已經發展到前所未有的緊急程度。

涵蓋28個國家、訪問超過3萬人的2018年艾德曼信任度調查報告（Edelman Trust Barometer）指出，有將近70%的受訪者認為，建立信任是執行長第一重要的工作，重要性甚至超越生產高品質的產品和服務。將近三分之二的人相信執行長應該引領政策改革，而非等到政府開始行動。顯然，我同意。〔根據最新的2019年艾德曼信任度調查報告，有更高比例的回覆者（76%）期待執行長在具挑戰性的議題上採取堅定立場，並在企業內外展現個人決心。而有75%的受訪者表示，他們相信自己的雇主遠比其他機構更會做正確的事〕。

對照最近的頭條新聞，這項資訊並不讓人意外。富國銀行（Wells Fargo）承認，它獎勵員工為沒有提出開戶申請、不需要帳戶的顧客開戶，它也以不需要的保險和住宅貸款服務等名目向顧客收取費用。Uber最近也遭到責難，一是因為出現幾起涉及Uber司機的性攻擊指控，二是之前在Uber工作的女性工程師挺身舉報性騷擾事

件，以及Uber敵視女性的失調文化〔此事還讓Uber的共同創辦人與執行長特拉維斯·卡拉尼克（Travis Kalanick）丟了工作〕。在每週更新、揭露的驚人內幕中，我們看到臉書違背它那個無邊無際虛擬宇宙20億居民的信任，事件最終指向它涉及俄國企圖干預美國選舉的醜聞。同時，高層經營管理者不但試圖否認或淡化這些問題，還找別人當擋箭牌。

我們在底特律討論到，許多企業的人才之所以離開，是因為他們相信企業的行為有違個人的價值觀，也與企業想要投射的價值觀衝突或相左。重點在於，人們想要為努力建立變革平台、以行善為使命的雇主工作。這不是思想上的空殼。聰明的員工看到企業與個人價值觀出現落差時，他們會視其為對個人的背叛，於是走人。

同時，在全世界的Google辦公室高分貝上演的情境是：數千名廣布各地的員工籌組出走活動，抗議公司支付數百萬美元的資遣費給被控性騷擾的男性主管。

Google向來是科技產業備受矚目的明星之一。它是許多最有才能、最具雄心壯志的人最想要去工作的地方，並以給予極為優渥的薪酬而聞名。在我看來，這個教訓一清二楚：無論多麼受到尊崇或愛戴，講到信任，沒有任何企業能夠自滿。信任需要從企業內部開始培養。

我們第一次引進內部社群網路Chatter時，有些高階管理者認為這是個糟糕的構想。儘管它顯然有助於跨距離與跨部門的協同合作與協調，有些人卻擔憂這形同給員工一支大聲公，向同事抱怨公司的問題。持反對論點的人主張，Chatter絕對會適得其反，對我們造成傷害。

關於第一點，他們是對的：人們會抱怨。有些Salesforce員工立刻成立一個名為「有苦大聲說」（Airing of Grievances）的Chatter內部群組，性質一如其名。一位高階主管有一天冒著冷汗到我的辦公室告訴我這件事，而在此之前，我都不知道這個次群體的存在。Chatter裡有些對話似乎把公司描繪得不是那麼好。我請他把Chatter投影在辦公室的螢幕上，好讓我仔細一探究竟。

我不認為我的反應符合他的預期，我笑著大叫：「這真是太讚了！」

那一刻，我相當確定他認為我瘋了。但是，我相信身為領導者，必須更關注大家藏在心裡的意見，而非他們說出口的意見。事實上，若大家都停止抱怨，才是必須擔心的時候，因為那是掩蓋問題的第一個徵兆。

Chatter裡的牢騷，像是「有輛卡車霸占停車格」，或是「點心站的腰果罐空了」，大部分都不到橘色警報

的程度（如危險物質溢散）。但是，其中也有重要的見解，讓我們重新檢視長久以來的做法。

最顯著的一則抱怨和公司的報到流程有關。顯然新進人員沒那麼喜歡報到流程。那則討論裡串滿是新進人員的怨言，不滿沒有筆電、沒有電話、沒有識別證等等。事情的引爆點是有名新員工在第一天就辭職。大家都公認，我們的報到程序已經到「欺負新人」的程度，於是我們知道必須立刻修正這個問題。對於一家連續兩年增加1萬名員工的公司來說，報到程序是關鍵工作。

於是我們改造整個流程，減少變動，讓它更趨一致，同時對個別員工增加客製化、一對一的關注。就這樣，抱怨的聲量逐漸消聲匿跡。

在許多公司，決策都是在裝著隔音門的會議室裡形成。如果高層保密過頭，會讓員工感覺公司最重要的計畫是由幾隻神祕的手在背後操縱。我不相信這能讓任何人熱切的想要實行這些計畫。

因此，在Salesforce，我們的年度高階主管外地會議會做現場直播，讓每個員工都能觀看。我們也會撥出時間，接受員工的提問。你或許可以想像得到，這不是什麼值得追的電視劇，不是每個人都會不嫌麻煩的收看。但是，人們知道，他們只要想看就能看到，這是我們無法衡量的價值觀。

有趣的是，價值觀的影響力並非總是可以量化，即使是像我們這樣執迷於數據的公司也一樣。人們在某件事上有良好的體驗時，不會意識到同樣一件事在另一個平行時空裡可能是不好的經驗。藉由修正報到制度，我們究竟為多少流失的生產力止血，或是留住多少員工，這些都無法計算。我不是說多等一天才拿到筆電會讓人當下立馬辭職走人。然而，我確實相信，即使只有一絲不信任，即使它只是存在於員工的潛意識，都能蟄伏長達數月、甚至數年，只有在員工得到外來的優渥工作機會時才會再度浮現。

　　如果說我們能從這一切挖到什麼有價值的資料，那就是透明度無關乎得到什麼，而是避免失去什麼。

　　或許我對於透明度的講究有點過頭，我知道我的坦誠有時候會讓人尷尬。找到適當的平衡並非易事，有時候，這麼做可能令人害怕萬分。但是，一旦你真心接納完全透明的觀念，透明度反而會變成解脫。它會開始滲透到你所做的每個決策，它會開始淡化「我們」與「他們」之分，這是一個具破壞力的觀念。它能攻克並曝露隱藏的籌謀，並鼓勵正向、合乎倫理道德的行為。

　　簡單說，透明度變成競爭優勢。

## 脆弱讓你更堅強

　　相較於Google或臉書，或是其他《財星》500大企業，Salesforce不是一個家喻戶曉的名字。我們沒有商店，也不直接與消費者打交道，我們不製造鑲著公司標誌的智慧型手機或平面電視。我很確定，對很多人來說，我們的名字只是混雜在許多新科技公司裡的一個。

　　即使我們的名字不是家喻戶曉，但是毫無疑問，我們努力讓大家知道我們。事實上，在我們剛起步時，這是我們生存的基本條件。我們向大眾提供雲端服務，等於是要求顧客信任我們，相信我們不只會保護他們的財務資料和業務線索，也會讓他們顧客的大量敏感資料安全無虞。哦，還有，我們也要求他們信任我們，把所有資訊安放在我們稱之為「雲端」這個晦澀模糊到令人害怕的地方。今日，每個人都不假思索的把所有東西儲存在雲端，但是在1999年時，這是相當極端的銷售提案。

　　此外，我們以訂閱模式建構事業，因此顧客要開除我們實在易如反掌，只要隨便在哪個月決定不要更新軟體就可以了。只要感受到一絲我們不是百分之百可靠的風向，顧客就會離我們而去。

　　換句話說，我們從一開始就知道，成功的關鍵，不會只是設計讓產品容易使用的簡練介面，也不能只有讓

產品能發揮功能的高超程式編碼。一直以來，我們的祕訣都是顧客的信心，相信我們能夠兌現每一個承諾，始終如一。

然而，對於一個辛苦掙扎求生存的新創小公司來說，這件事說起來容易，做起來卻很難。在我們草創初期，有許多系統都剛通過測試階段，偶爾會出現系統故障，不是拖累服務的速度，就是完全掛點斷線。我們的業務是個黑盒子，顧客無法看到幕後的情況。無論哪一天，他們想要得知我們產品處在最佳狀態、不盡理想或是完全失靈，唯一的辦法就是登入並使用看看。

對於一家大膽承諾以尖端科技領導顧客進入未來的企業，服務狀態缺乏透明度是一項重大弱點，也是顧客感到氣餒的主要來源。出現故障時，我們會和大部分遇到這些狀況的公司做一樣的事。就像鴕鳥一樣把頭埋起來，對顧客盡可能閉口不談問題。我們知道工程師正日夜馬不停蹄的修正問題，但是我們不認為請顧客注意失誤之處是明智之舉。說真的，我們也感到羞愧。回顧過往，我們的競爭者會去登記免費試用Salesforce，好向媒體舉報服務出現中斷的情況（這是我們後來發現的），我想這件事說起來一點也不奇怪。

2005年有一天，在一場高階主管外地會議裡，公司的共同創辦人帕克・哈里斯（Parker Harris）報告到

一半時，他的一名部屬帶著一則緊急訊息衝進來打斷他的報告。帕克讀紙條時的表情，透露出我需要知道這個消息。他停下來，抬頭看著一屋子的人，我的恐懼在這時成真，他吐出任何一個執行長都不會想要聽到的話：「我們的網站掛了。」

帕克的團隊花了90分鐘讓服務恢復運作，以當時的情況來說算是相當令人讚嘆的壯舉。但是，對於我們的顧客來說，他們狂亂的打電話、發電子郵件，卻沒有從我們這裡得到差強人意的答覆，這90分鐘簡直像是永遠那麼久。想要繼續完成那天原來要做的事是不可能的了。我們了解，這是一記警鐘，告訴我們是時候換掉黑盒子，用一個透明的盒子來替代。畢竟，對於所有大聲要求答案的顧客，我們還能繼續躲多久？

也就在這個時候，帕克開口提出一個大膽的解決方案：「我們要即時告訴所有人當下究竟發生什麼狀況。」

許多主管立刻發難。「為什麼要讓全世界看到我們的弱點？」他們問道。起初，我的看法和他們一樣。要建立某種介面，讓任何人只要有一部筆電就能從全世界任何一個角落追蹤我們的服務中斷情況，我不喜歡這個想法。這看起來像是公司在自尋死路。

不過，不到幾分鐘的時間，我開始對這個構想採取不同的觀點。沒錯，最簡單的是什麼都不做；只要袖手

旁觀，咬緊牙關，等待問題解決就好。但一項大膽、反直覺而相當可能是正確的舉動是將當責推到極致：讓我們的顧客看到全部的情況，無所遮掩。

長話短說，那就是 trust.salesforce.com 成立的由來。直至今日，這個網站都會提供我們系統的效能、維護排程、交易量、交易速度以及所有安全議題的即時資訊。隨著時間過去，我們讓顧客得知愈來愈多公司幕後的狀況，從在推出新產品之前分享我們的所有權計畫，讓顧客可以為它們做規畫，到在我們年度 Dreamforce 大會開始之前預覽會議內容，無所不包。

我不否認，站出去通常會有些痛苦。曝露弱點讓人害怕。但是，你也會因此更堅強。

## 保證驚艷

2007年1月9日，科技與裝置迷回想起這一天，都會懷著猶如對1969年登月壯舉的那份崇敬。沒錯，這一天正是 iPhone 的生日。

賈伯斯在舊金山的 Macworld 大會發表這項轟動全世界的裝置時，許多目睹這個時刻的業界人士，並沒有立刻清楚看到 iPhone 的重要性。但我的直覺告訴我，未來已來。很快的，全世界每個人的包包和口袋裡都會帶著

這些裝置，它們其實不是電話，而是強大的迷你電腦。

我體認到，這些人有很多都會是Salesforce的顧客，而且他們會想在光鮮亮麗的裝置上執行我們的程式。與我一起出席這場活動的帕克也有相同的反應。他形容iPhone是「一記石破天驚」的創新產品。他是對的。

第二天，我進到辦公室，宣布這個終結所有樞紐的樞紐。我告訴我的團隊，從那一刻開始，我們要把工程資源導向一個新目標：把Salesforce從開發桌上型電腦軟體的公司改造為開發行動軟體的公司。我們必須把行動能力灌輸到每一個產品裡。

如果那一天你告訴我，為了這個牽涉全體系和所有人的任務，我們必須徹底重新思考工程團隊看待自己工作的方式，我即使不會驚訝莫名，也會感到害怕。科技的進展步調快速，就像有人說過的，讓你走到現在的事物，不會帶你走到未來。帕克告訴工程團隊，「我們要忘掉所有的舊版本。這不再是Salesforce的新版本。這是一個全新版本。」我當時沒有預料到，它對我們的決心和我們多年來建立的信任文化會是多大的考驗。

帕克和我們的工程團隊一展開這項計畫，就歷經一個又一個挫敗。為了在行動裝置上執行，我們原來為了在桌上型電腦執行的軟體，都必須以全新的技術架構重新組態。問題是：我們沒有人具備做這件事應該有的訓

練。我們甚至沒有人熟知如何建構能利用觸控式螢幕介面的簡單軟體。

我們第一回合積極開發所創造的行動app，對我們來說非常重要，但顧客嫌棄得不得了。他們抱怨它過於笨重而緩慢。這個挫敗，加上其他的挫敗，打擊了我們的士氣和信心。幸好，我們對於創新有足夠的認識，我們了解不能採用同樣的方法卻期待不同的結果。因此，我們決定，是改弦更張的時候了。

2012年，帕克開始尋找新的行動團隊領導者，他看中的人選是西里尼・塔拉普拉嘉達（Srini Tallapragada）；西里尼曾經在我們的競爭對手甲骨文和思愛普這兩家公司領導大型工程團隊，在業界廣受尊崇。西里尼加入後不久，我召集核心管理團隊，開了一場特別會議，重新思考我們的行動計畫。大家在我的辦公室裡輪流發表意見，幾位高階經理人提出詳細的建議。不過，輪到西里尼發言時，這個新來的主管只說了一句簡短的話：「保證驚艷。」

他的豪語讓每個人都笑了，包括我，但是這句話卻產生非凡的影響。房間裡突然間又重新充滿活力。當行動團隊聽聞主管對大老闆說的話，很欣賞西里尼如此勇於冒險，並立刻對他寄予信任。

帕克和西里尼所做的第一個改變，和寫程式碼無關。他們把整個行動團隊搬出舊金山著名的地標建築渡

輪大廈（Ferry Building）對面的置地大樓（Landmark），離開那裡的現代化新辦公室，重回幾個街口之外原來棄置的空間。工程師們被流放到這個荒廢的工作空間，剝落的油漆，沒有景觀，沒有設備，也沒有家具，感覺不是很開心，但是西里尼堅持這麼做。他知道，要從新角度看問題，有時候你需要轉換風景。或者，以這個例子來說，你需要拿掉風景。

在矽谷，持續疊代（continuous iteration）的觀念如同一種宗教信仰，也就是專注在你已經嘗試的事情上做微小、漸進的改良。一直到那時，我們都是持續疊代工作法的忠實信徒。每一次，我們的行動app版本失敗時，我們就進行無止盡的疊代改良，希望這些修正可以累積。但是，它們從來沒有發揮累積的效果。現在，帕克和西里尼想要團隊從頭開始。

這個團隊需要提振士氣。因此，帕克和西里尼推出辦公室白板，帕克用彩色的大字在白板上寫著：「保證驚艷。」當然，在當時工程師並不覺得工作有什麼讓人驚艷。然而，他們每個人都信念大增，並在上面簽名。

行動產品團隊成天在沉悶單調的戰情室工作，既精疲力竭又興高采烈。在某個時間點，他們開始從無到有建構出一個新app。在編碼的最後階段，包括西里尼在內，大約有40位工程師通宵工作。他們在這項專案上建

立的團隊精神，至今仍一直延續著。

2014年5月，在歷經數個犯錯不斷的艱苦年頭之後，我們終於做出第一個行動版的Salesforce。Salesforce Mobil app為企業行動力訂定標準，為我們贏得大批新顧客，包括飛利浦、史丹利百得（Stanley Black & Decker）等企業，讓員工擺脫必須一直綁在辦公桌旁的束縛。

舊金山的新Salesforce大樓在2018年啟用時，行動團隊的工程師把其中一塊白板掛在他們樓層的公用空間。白板上的字就是「保證驚艷」。

這些年來，我學到信任和透明是一體兩面。身為執行長，我可以把公司的所有祕密，諸如我們所有的程式碼、所有的財務資料，以及所有的技術問題等等，都攤開來給所有員工看，但是如果那些員工不能彼此信任，管理階層再怎麼開放都不夠。在壕溝裡的人必須能夠信任團隊和領導者，相信他們在艱苦時期會在現場，與自己並肩努力。我保證。

## 未完成的交易

信任或許看似是一個簡單的概念，但它在本質上其實具備相當多的面向。在某個程度上，這件事關乎信任他人，但同時也關乎確保他人能夠信任你。對一個領導

者來說，最困難的是知道何時適合信任自己的判斷，即使身邊沒有一個人認同你。

原則上，我一向不是一個會花很多時間擔心別人對我有何觀感的人。我想，這就是為什麼有時候我會被拍到在金州勇士籃球隊比賽的場邊跳舞，或是和我的「愛心長」（Chief Love Officer）、也就是我的寵物黃金獵犬，一起到Salesforce上班。我的步伐總是緊扣著自己的鼓聲節奏前進，就算別人可能認為我瘋了也一樣。畢竟，我就是因為夠信任自己，才能辭掉一份好工作，在一間租來的小公寓裡開公司創業，即使矽谷的每一個創投家都告訴我，我的構想一文不值，我也不為所動。

隨著時間過去，我學會信任我的直覺，而且我認為自己在這方面有相當優良的紀錄。但是，一直到最近，當我面臨一個與我在商學院所學的領導迷津不同的時候，這個高風險的情況迫使我問自己一個讓人不自在的問題：要是你的直覺錯了呢？

每個領導者都有身處於這種處境的時刻：他們覺得自己必須排拒身邊所有能人智士的判斷。說到底，事情終歸就是一個簡單的選擇：幫助你得到今天成就的那些人，即使你可能會失去他們的信任，你也要繼續跟著自己的直覺走、去做直覺告訴你是對的那些事嗎？

這正是我相信Salesforce應該在2016年買下推特時所

面對的困境。

我認為，從商業角度來看，這宗收購案在商業上十分站得住腳。我相信取得這個平台能為我們的顧客開闢嶄新而多用途的曝光管道。這能讓 Salesforce 的使用者與他們的顧客從事一對一的互動，提升產品在行銷、銷售和支援的效益。此外，它看起來也是企業以一個全新尺度徵詢坦誠回饋和多元觀點（為創新播種）的絕佳方法。

我知道，推特也能讓我們的顧客從它超過3億名使用者的身上，取得蘊藏在其中的數據寶庫。

我強烈相信，透過這個社交平台的運用，我們也能大幅提升廣告、電子商務和其他需要豐富數據的應用。此外，推特正在艱苦求生，以我看來，我們兩家公司的合併，能讓雙方都受益。

然而，遺憾的是，我的管理團隊對這個構想不只是冷淡而已，他們對這件事的立場是從高度質疑到堅決反對。他們無法理解，對於核心事業是賣軟體的我們來說，買下一個營運困難、已經失去許多投資人青睞的社交平台有什麼意義。

這些顧慮沒有讓我怯步。至少一開始沒有。

雖然我們對收購推特一事三緘其口，消息最後還是走漏。人們愈是對我說我瘋了，我對這個構想就愈熱情。我告訴大家，推特是「未經琢磨的寶石」，而且是

珍貴的寶石。我甚至粗略訂下我準備買下這家公司的價碼，高達200億美元。

我的團隊和我仍然陷於歧見，隨著流言開始滿天飛，連我都感受到自己可能正在航進暴風眼。我們的股價開始下跌，而且跌幅不算小。顯然，華爾街對這個構想的信心，沒有比我在Salesforce的團隊好多少。

我不是一個迷信的人，但是我一直都相信兆頭和預兆的力量。回想起來，我現在體認到，我當時因為一心一意想要扳倒反對者，以致於差點錯過一個重要徵兆。

那年秋天，我安排一場信用評等機構的會議，想說服對方給我們投資等級的評等，以因應未來收購推特的資金需求；這是我們有史以來最大的收購案。會議時間訂在清晨，地點是Salesforce總部。我在預定的時間下車，一派胸有成竹要去發表我職涯裡最重要的一場簡報。

就在那個時候，我因為誤判路緣的斜度而被絆倒，而且跌得很重。

在跌倒之前，公司財務長馬克・霍金斯（Mark Hawkins）就一直站在我身旁。他的聲音熟悉如常，但是慌亂的語調卻不同於平時，我聽到他大叫：

「老大跌倒了！」

相信我，執行長在經營管理團隊面前打翻東西是一回事，在交通繁忙的人行道、在大批員工和許多嚇壞的

路人面前跌倒又是另一回事。即使我身高有六英尺五英寸也無濟於事。後來有人告訴我，那可是重重的一跌。

同事趕到我身邊，彎下腰看看我是否還清醒。我很快在人行道上起身，低頭看我的牛仔褲。我的膝蓋撞到一片金屬，金屬把我的褲子割出一個大破口，劃傷了我的腿。我可以感到血汨汨流出，沿著小腿淌下來。我當時還不知道，那一跤摔裂了半月板。我告訴自己，不管多疼痛，都繼續走。

「大伙兒，我們好好拚一下！」我大聲說著，而幕僚長喬・波奇（Joe Poch）一臉不敢置信的盯著我瞧。

雖然我極力隱藏，但我窘得想找個地洞鑽進去。我不是笨手笨腳的人，而且在那一天之前的50年間，每一次踏出車外、直起身站好，都不曾發生過意外。回想當時，我不認為事情發生的時機點是個巧合。我當時腦袋裡有很多事在轉，我的腳在對我說「大腦沒說的事」。

那一天，我對信用評等機構發表一場威風八面的報告，而我知道他們在這樁交易上會姑且相信我。但在我內心最深處默默醞釀的懷疑，最後實在過於強烈。兩週後，我在Dreamforce的講台上，看著一群幾乎全體反對Salesforce和推特合併案的同事、董事和投資人憂慮的臉孔，於是我下定決心，是該放棄的時候了。與其說這個決定是為了公司股價（當時正因為對交易的種種猜測而

節節下滑），倒不如說是我體認到，我需要這些人對我的信任，勝過信任自己的直覺。所以，我做了一件我很少做的事。我開口道歉，並且清楚表明放棄這樁交易。

不管是比喻或是真的跌倒，摔一跤的好處在於它總是能帶來真知灼見。我從推特事件學到的課題是，信任有許多不同的作用力，有時候那些作用力會相互衝突。無論身在哪一行，真正評量一個領導者的指標是能否在這些衝突之間航行，在渡過這片汪洋之後變得更堅強。

無論你是要創業、管理團隊或經營一家公司，信任你的直覺是實現願景或構想的根本要件。我現在了解，信任自己只是故事的一半。要成為高效能的領導者，你需要一個可供你汲取的信任水庫。一旦你把信任耗竭用盡，可能要花好多年的時間才能重新蓄滿。

放棄推特的收購案，Salesforce可能因此失去天文數字的潛在價值。但是，這樁收購案也可能毀了這家公司。這一點，我們永遠無從得知。

任何計算都沒有納入我們留住信任的價值。

————

我會定期在舊金山的家裡舉辦晚宴，招待創業家，而有一次，我和一名年輕的新創事業執行長有一番長

談。我請他指出他公司最高的價值。「創新，」他回答道，口氣透露出這是個想都不用想就知道的答案。

我問他，為什麼他的答案不是「信任」，他一臉奇怪的看著我，解釋道：「我就是不相信這個。我相信最好的構想會是贏家，而那是矽谷成功的關鍵。」

我回答道，或許曾經是這樣，「不過現在那已經不是矽谷前進的力量了。」沒錯，創新很重要。但是，如果重視創新勝於信任，那你其實麻煩大了；你會像那隻在溫水裡悠遊的青蛙，在水沸騰時無力反應。

我之前說過，而我現在還要再說一次：價值觀的價值無法用金額計價。沒錯，價值觀優先，尤其是信任，有時候可能會以犧牲利潤為代價。在短期確實是如此。但公司在任何一季賺到的錢的價值，永遠比不上日積月累所失去的信任。

如果去問那些最成功的執行長，尤其是創辦人，請他們說出真正讓公司卓越超群的重要里程碑時，他們通常會選出一段繞著某個突破性產品或構想而發展的故事。可能是革命性的潔淨能源科技、廣受歡迎的會計軟體程式，或是讓競爭者苦苦追趕、搜尋引擎演算法的微小改進，或是任何這類事物。

我們大部分人最先想到的，都是這些具體有形的事物，這並不意外。每個新的創新或產品都可以做「前後

對照」，而其中的差異可以量化。瞧瞧這些銷售數字、看看這個留客率，還有這些盈餘數字！太驚人了！

　　但願我能夠告訴你，我已經跳脫為驚人的成長率躍增、華麗浮誇的產品發表會等如此膚淺的事物而興奮的層次。但事實是我曾經多次誇耀Salesforce的產品和獲利，當我們成功讓所有顧客都能執行客製化應用軟體時，我可能還是會開心的拿出一張圖表，指出營收會在下一個財務年度跳升25%，並解釋這樣的收益對我們這種規模的公司來說，為什麼這樣令人驚嘆。能讓我們這些執行長讚賞一下自己的，就是這種美化圖表的全壘打。

　　我真心相信，Salesforce真實的成功故事，最好的解釋就在信任壓倒固執或自我的那些時刻裡，也就是透明度勝過尷尬的恐懼、甚至勝過數百萬美元潛在營收損失的時刻。

　　你的企業所打造的傑出產品，可能就像一棵強壯的橡樹。無論栽種者是誰，橡樹都有一片樹蔭，可以長年供人乘涼露營，心曠神怡。至於像信任這樣的價值觀，或許沒辦法畫成驚人的盈利圖表，可能也永遠不會長成最高聳的那棵樹。它們更像是你埋在土裡、希望抽長出小樹苗的數百顆小小橡實。若要說我這些年來學到什麼，那就是如果你悉心培育那些樹苗，它們最終會一起成長。地球上沒有一棵樹會比一片森林更穩固。

# 04
# 顧客成功
## 用科技進行轉型

在得知我的美林證券個人財務顧問在電話線上，而且是一通「緊急」電話時，我推測，這可能代表兩件事，而且那兩件事都不是什麼好事：要不是股市暴跌，就是我的投資失敗。

　　但其實，他要傳遞的消息比那兩件事都糟。他要說的和Salesforce有關。

　　原來，我的顧問打電話來不是為了我的投資組合，而是要警示我，我的公司正瀕臨失去美林證券這個客戶的危機。對2013年的Salesforce來說，美林不是可以等閒視之的尋常客戶。它是我們單一最大的客戶。

　　6年前，美林證券決定為旗下2萬2000名顧問安裝Salesforce軟體，這是我們簽到第一筆真正的大生意。我稱這是一場大捷，而截至當時為止，這是Salesforce蓄勢待發要迎接成長最確定的徵兆。我的解釋是，如果這家金融服務龍頭企業信任我們，願意把他們所有高度安全、技術繁複的系統和交易都交給我們管理（而且是在雲端），那麼就沒有什麼事是我們辦不到的。

　　現在，我們顯然遇到一個問題。我的顧問剛步出一場全公司的會議，而在會議中，美林的營運長約翰・霍嘉提（John Hogarty）當著數千名顧問說，公司應該叫Salesforce一邊涼快去，此語引起滿堂掌聲與喝采。「這裡沒有人喜歡你們的產品，」我的顧問解釋 —— 不用說

我也知道，「你必須迅速介入，改正這件事。」

雪上加霜的是，這場「美林2013大叛逃」（我是這麼想的），肇因並非我們沒有人可以控制的外部狀況。美林不是受到其他競爭者的誘惑，也沒有刪減IT預算。發生這件事的原因簡單而殘酷：他們不喜歡我們的軟體。

問題就在於：守護美林中堅業務的顧問們重視速度和功能勝過一切。他們認為，Salesforce軟體花的時間太長，我們為他們打造的介面不夠符合直覺，也不容易使用。簡單的工作需要太多細碎的步驟，消耗他們寶貴的工作時間。例如，即使是像從通訊錄取用聯絡人資料這樣一件簡單的事，都需要點擊3次，而每一次點擊都要等待6秒。我對他們挫折感的來源了解得愈多，情況聽起來就愈糟。我們的軟體讓美林抓狂，我們正在被開除的邊緣，如此看來，我一點也不訝異了。

在許多層面上，那對我都是黑暗的一天。失去美林這個客戶本身就是一場災難，但是這件事所引發的連漪效應更是深具毀滅力量。美林對我們的否定所傳達出的訊息，是Salesforce還沒有準備好加入大聯盟，這會讓其他重要客戶開始翻舊帳，重新思考與我們的關係。除此之外，讓我憤怒的是，我們沒有在這些問題燒成五級火警之前察覺。最重要的是，我們沒能實踐我們其中一個的核心價值觀，也就是顧客成功，這也讓我很難過。

我們Salesforce的信條，最重要的莫過於給顧客成功的工具和支援。有時候，這關乎顧客的成長、提高營收或淨利；有時候，這關乎讓顧客能順利觸及他們的顧客，並建立更好的關係。通常，成功單純是指把過去錯綜複雜的流程和營運精簡化，讓顧客能把更多的時間和注意力放在其他地方。這聽起來或許有點矯揉，但是顧客成功是我們用來評量Salesforce是否成功的指標。畢竟，除非顧客與我們一起成長，否則我們無法成長。

　　然而，我們當時正站在懸崖邊緣。我們沒有為美林兌現這項價值。

　　會議後不久，美林的資訊長馬克・亞歷山大（Mark Alexander）通知我們，我們被關進「禁閉區」，也就是在解決這些可用性問題之前，不能與銀行有進一步的新業務。他所說的「銀行」不只是美林，也包括它的母公司美國銀行（全世界最大的金融機構之一）。我們當時已經和美國銀行談成一些業務，正努力乘勝追擊，爭取更多業務。失去美林，可能會永遠關上我們和美國銀行集團的業務之門。

　　我知道我的顧問是對的：我必須介入，做些事情來解決這個情況，而且要快。在清空腦袋和辦公桌上每一件事之後，我的第一通電話就是打給賽門・慕卡希（Simon Mulcahy）這位當時41歲、倫敦出生的Salesforce

主管，我們在2009年聘任他，處理一些最複雜的顧客工程專案。賽門之前是英國陸軍軍官，曾在世界經濟論壇工作，他在那裡建構一張「創新熱度圖」（Innovation Heatmap），這張圖表極其精巧，連史密森尼博物館（Smithsonian Museum）都想要收藏。

要帶領「復康計畫」（Get Well），讓我們與美林的關係回到常軌，沒有比賽門更好的人選。他和我一起與美林財富管理事業主管約翰‧提爾（John Thiel）在聖荷西共進晚餐，我向提爾保證，我們會修正這些問題，而為了修正問題，賽門會得到所有必要的資源。

面臨分秒必爭的時間與龐大的壓力，賽門開始到全國各地出差，拜訪美林的區域辦公室。他與數十位顧問開會，希望能更了解他們（以及他們的同事）最討厭軟體的哪些特性和功能，還有他們希望我們如何具體改進。

巡迴會議進行兩週之後，發生一件有趣的事。賽門發現，他的訪談方式挖不到太多有意義、可採取行動的意見。如果換成是別人坐他的位子，看到顧問大部分的抱怨加起來，在軟體上不過是相對簡單的小修正，可能多半會覺得鬆一口氣。但是，賽門無法釋懷的正是因為這些抱怨加起來，似乎無法解釋那些顧問為什麼會有那麼強烈的挫折感。

看來，賽門的手中有一個謎。

回顧我第一次在甲骨文當業務員的1980年代，根本很少人會想到要與客戶坐下來談談自家產品的表現如何，至於和客戶一起參與無數回合的問題解決流程就更不用提了，幾乎沒有人有這種觀念。在當時，甲骨文和其他成長快速的企業只堅守一項簡單的策略，那就是「看到熊，就開槍」。換句話說，如果你和顧客開會，唯一的目標就是在會議結束時簽下合約，而且在愈短的時間內成交愈好。

　　我從來就不是這種策略的信徒。它的問題在於它無法讓任何人有動機去思考，顧客買的軟體是否真的符合他們的需求，或者能否幫助他們朝自己的事業目標邁進。這種策略也不會給予很多時間去建立信任。

　　創立Salesforce時，我誓言要盡可能避開那種商業模式。當時銷售企業產品的公司只有寥寥幾家，而每一家都要求顧客簽訂長期契約，支付高額的維護費用。換句話說，即使你不喜歡產品的成效，你也幾乎束手無策。因此，Salesforce決定銷售訂閱方案，顧客可以在任何時間點取消訂閱：這表示我們無論簽到多少張合約都無關緊要，顧客的續訂率才是衡量我們的軟體能否滿足顧客需求的指標，而這也成為測量公司健康的主要溫度計。

我們花了一點時間才正確解出這個營運方程式。一開始，我們的顧客幾乎全是小型企業，以信用卡按月付款，而且可以立刻取消。過了一陣子，我發現我們出現耗損問題，我們的營運哲學必須有根本的轉變。我們不打算違背根本的商業模式，因此必須轉而努力讓顧客明白我們彼此的利益是一致的，我們的成功取決於他們有多快成功。

　　我們的第一步是在銷售部門以外提供顧客另一個接觸點，而接洽人員的工作是傾聽，不是成交。我們建立顧客成功經理人團隊，他們只負責一件事，就是理解顧客如何使用我們的軟體工具，如果他們決定不再使用我們的軟體工具，就和他們談談並找出原因。

　　日積月累下來，我們顧客成功經理人團隊的重要性和人數持續成長。他們遠遠不只是尊榮的顧客服務代表，他們是公司的眼睛和耳朵，蒐集珍貴無比的回饋意見，讓我們不只用於改良產品，也讓這些改良能符合顧客具體而獨特的需要。

　　不過，在2013年，這套制度似乎有所不足。美林的規模如此龐大，它的需求是如此專門、複雜而難以闡述，以致於我們沒看出來，我們的產品無法達成任務。

　　此時，Salesforce已經成立14年，我們的工程團隊已經成為一支所向披靡的隊伍。我們有信心，具備足夠的

程式設計火力，不管任何錯誤都能修正。但是，即使在賽門與美林的顧問們開了一場又一場的會議之後，他仍然想不通問題究竟是什麼，遑論需要做什麼才能真正解決問題。

賽門開始有種感覺，顧問告訴我們的內容，只是故事的一部分。他注意到美林的顧問對於小毛病有很多意見（像是通訊錄的瀏覽方式），他們認為我們應該能修正這些問題。但是，對於能從根本轉變他們工作方式的整體重大改良，他們卻隻字未提，這是因為他們沒有體認到，我們的軟體可能蘊藏著解決那些工作的力量。

因此，賽門決定轉變方向。他把問題清單塞回公事包，然後換個會議開場方式：請顧問暫時忘記軟體。他邀請他們把鏡頭拉遠，不要著眼於工作流程的細節，然後向他們展示一幅觀點更全面、視野更寬廣的圖像，呈現他們在工作中所面對的重大挑戰。這下子，真相終於開始浮現。例如，當他們要求更快的瀏覽速度時，他們真正需要的其實是更聰明的「工作」，像是能夠主動觸發對客戶相關事務的預警、引導他們得到實用的市場數據等。

賽門告訴我這個方法如何在頃刻間挖掘到許多有潛力的構想，這讓我想起一句據說是愛因斯坦（我孩提時代的英雄）所說的話：「如果我有1個小時解決問題，我

會花55分鐘思考問題，5分鐘思考解決辦法。」

　　愛因斯坦終究還是對的。如果你把大部分時間和心力投入於理解問題，解決問題反而是簡單的部分。過去，我們一直設法幫助顧客簡化或自動化所有瑣碎、單調、耗掉他們時間的業務功能。這件事有它的重要性，但是在一個科技蘊藏無限可能的世界，我們不能為了改良小地方而忘了退後一步，去找出顧客所面臨最重大、最急迫、可能也會最痛苦的挑戰，並找出因應方法。

　　這種轉變的重要性怎麼說也不為過。它讓我們看到，真正的問題不是我們為美林打造的軟體。真正的問題是我們打造的顧客成功基礎設施。美林的顧問讓我們明白，我們的進行過程必須以終為始。

　　藉由解決問題背後的問題，我們可以建構出顧客想像不到的方式，讓他們藉此提升效率。從那之後，我們知道，必須停止著眼於逐條解決待辦事項，轉而開始設法找出突破的方法。

　　這個哲理不只適用於軟體業，甚至也不限於科技界。任何企業都能幫助顧客達到超乎他們想像的成就。他們要做的就是停止開槍射熊，然後開始傾聽顧客真正需要的是什麼。

## Dreamforce 與社群力量

Salesforce 是最早把「顧客成功」當成價值宣言的公司之一，但是我們一直明白這不是我們工作的終點。畢竟，如果價值觀不能轉化成行為，並展現活生生的力量，就沒有什麼價值。

我們推動顧客成功原則的一項策略，或許看似講究，甚至頗為過火：我們在一場已經成為年度盛事的大會中，把顧客成功變成焦點。

如果你剛好住在灣區，你可能對這幅壯觀的景象很熟悉。每年秋天，有來自90個國家、超過17萬名 Salesforce 大家庭的成員，其中包括員工、顧客、執業者、獨立軟體開發人員、合作伙伴和投資人，報名來舊金山參加這場盛會，另外還有1500萬人在網路上追蹤會議進程。這場盛會，我們稱它為「Dreamforce」。

Dreamforce 通常被描述為一場軟體研討會，我想那樣說也很精確。我們當然是一家軟體公司，也確實舉辦許多講習、產品示範和其他類似研討會的活動。舉辦 Dreamforce 的構想，也是企圖在我們的大本營一次集合許多顧客，展示我們的新產品，創造更多生意。但是，有許多參與者比較喜歡把它描述為家族團圓會，儘管聽起來有一點誇張，但是這麼說也同樣貼切。有許多人來

到Dreamforce是為了看看老朋友、認識新朋友，並品味一種群體的歸屬感。

這或多或少是一個機會，讓你有4天的時間可以思考重要概念，並提升自我。我們曾邀請到蜜雪兒‧歐巴馬（Michelle Obama）、梅琳達‧蓋茲（Melinda Gates）和傑布‧布希（Jeb Bush）演說。我們舉辦一個執行長系列講座，讓領導者討論各種議題，從女性領導者到平等、永續和正念，無所不包。我們曾邀請前副總統高爾（Al Gore）以迎擊氣候危機為主題發表演說；也曾請到眾議員約翰‧路易士（John Lewis）討論平權；還有贏得奧斯卡最佳女配角獎的派翠西雅‧艾奎特（Patricia Arquette）討論薪酬平等；我們也有由身披番紅花色外袍的佛教僧侶所主持的每日冥想靜思課程，與會者可以自由參加。

另一方面，這多少也算是一場盛宴。參與者在舊金山的餐廳籌辦熱鬧的大型晚餐會，我們也會舉辦音樂會，演出者有史提夫‧汪達（Stevie Wonder）、U2、懷舊女郎（Lady Antebellum）、尼爾‧楊（Neil Young）、幽浮一族樂團（Foo Fighters）。

在我的想法裡，Dreamforce是Salesforce生命力的展現。在這個園地，大家齊聚在共同價值觀的大傘之下，彼此打成一片，一起吃吃喝喝，可以見到許多來自不同領域的有趣人物，並相互分享。每個人參加Dreamforce

的理由各不相同，而每個人離開時，對於這場聚會帶給他們的意義，各自的感受也都不同。

我們在2003年舉辦第一屆Dreamforce時，不確定會有多少人報名參加。那個時候，我們的員工不到400人，只有8000名付費客戶。我還記得，我曾經要求大會主席伊莉莎白·平克漢（Elizabeth Pinkham）降低票價，因為我怕沒有人會來。我要她在主場館拉掉200張椅子，以免一眼望去都是空位，讓場面尷尬。「我想要會場看起來像是全部都是站立搖滾席。」我這樣對她說。結果，研討會有超過1000人出席時，我開心得不得了。

今天，我們封起莫斯康會議中心（Moscone Center）周邊的街道，把封街區變成我們的「夢公園」（Dreampark）：我們用人工草皮鋪滿一整個街廓；我們立起攀岩牆和瀑布；我們找來十幾個樂團在戶外舞台上輪流表演；我們還擺設野餐桌，午餐盒在桌上堆得高高的，讓忙碌的與會者可以在各項活動間趕場時順手拿了就走。活動、開會和快樂時光流溢到這個城市數十家旅館和餐廳，市場南區、金融區和聯合廣場等地區都有Dreamforce的氣息。Dreamforce舉行期間，我幾乎找不到片刻可以睡覺，但我還是沒辦法完整體驗會場裡的全部事情。有一年，出席人數多到我們要和精緻遊輪公司（Celebrity Cruises）合作，讓他們把一艘稱作「夢之船」

的郵輪停在舊金山的港口,安頓所有在地旅館或Airbnb已經不敷應付的與會者。

種瓜得豆的事情總是讓我驚奇不斷。Dreamforce一開始只是一個讓我們賣更多軟體的機會,後來變成讓一個構想具體呈現的活動,這個構想是把顧客放在我們所做每一件事的核心。事實上,Dreamforce變得愈盛大,我們在其中就變得愈不重要。今天,它是我們顧客的慶典,是一個讓顧客品味自己的成功、習得新技能的園地,他們也可以在這裡研究更廣泛的科技與創新趨勢、討論社會議題。這些開拓者的腦袋裡想的不只是自己的成功;他們想要鼓舞別人提升自己的事業和職涯,進入另一個層次。這就是為什麼大會的2700場教育講習和工作坊,有許多其實都是由我們的顧客帶領,而不是員工帶領;這也是為什麼我們的顧客會開始籌組自己的同好社團和活動,甚至開設與Dreamforce相關的Podcast節目。

換句話說,Dreamforce無關乎增加獲利,而是在一個不斷因為來自雲端、行動科技、社群媒體和人工智慧的進展而遭遇擾動的世界裡,幫助我們的顧客不斷進步的活動。我們的與會者在園區衝鋒趕場,盡他們所能的學習、彼此分享心得,深深沉浸於他們的收穫之中,而在這個時候,他們所散發的那種揉合著目標感的喜樂,筆墨難以形容。這是一個奇特、有時候甚至古怪的能量

場，鮮活的展現出我們社群的開拓者精神。

2016 年 12 月前的幾週，我在紐約時代廣場的威斯汀飯店主持一場晚宴。我想要做一場演說的預演，參加預演的聽眾是一群經過精挑細選的顧客，還有精通我們科技的執業者。這些人的身分，從大型金融公司的執行長到身在企業各個階層的 Salesforce 鼓吹者都有。這場晚宴的目的是以一種有趣的方式，感謝他們的忠誠和支持，但這也是一個機會，讓我那場即將要對數千人發表的演說可以得到一些回饋意見。

我將在 Dreamforce 演說的主題是一個名叫「愛因斯坦」（Einstein）的新產品：我們內建於軟體的人工智慧能力已經愈來愈精進成熟，而「愛因斯坦」能讓我們的顧客善用這項能力（在第 5 章會有更多著墨）。我對於即將來臨的產品發表滿懷狂喜，希望賓客能拜倒在我無盡的熱情中。我結束我的演說預演，開放聽眾問答。

「你們就是我們的焦點團體，」我說。「請告訴我你們的想法。」

聽眾的反應與我的預期不同。沒有人想要談論我的演說，或討論愛因斯坦。他們對談論軟體其實一點也不感興趣。他們真正想要討論的是他們有多麼興奮，因為再過幾個星期，他們就要前往舊金山，和朋友、同事在Dreamforce 大會上重聚，還有他們在那裡會吸收到什麼

樣的新知。

當下，我恍然頓悟，Salesforce工程實驗室裡所進行的事，和實驗室外發生的事比起來，相形黯然失色。Dreamforce是一個社群的焦點：這個社群的成員是一群聰明、敬業、充滿雄心壯志的人，他們齊聚一堂，為迎接未來的挑戰和機會做好準備。他們來這裡追求進步，並慶祝他們的成就，但他們同時也是為了慶祝彼此的進步和成就。

今天，如果我要對企業領導者談話，如果他們看起來並不認同我說價值觀可以創造價值的說法，我會向他們解釋，Dreamforce如何成為我們品牌和顧客成功的終極表現。運用我們產品而成功的人，想要別人加入他們的行列，而回過頭來，我們的社群和事業也因而成長。


## 遍及每個層次的連結

2008年爆發全球金融危機時，許多Salesforce顧客面臨一個長久以來所害怕的揣想。錢來伸手的資金、積極擴張的時代，幾乎可以說在一夜之間就消失了。許多經理人充其量能做的就是按兵不動，祈禱他們還能苟延殘喘，等到情勢回歸常態的那一天到來。

可是，即使經濟開始復甦，我們有許多顧客已經憑

直覺知道，「常態」這個觀念必須重新評估。狂飆經濟的激奮氛圍，讓他們可以不斷追求熟悉的舊商業模式。然而，當麻醉消褪之時，他們要面臨第二個令人驚恐的事實：科技來敲他們的門了。天空開始變得清朗，但是我們在Salesforce看到，就在地平線的那頭，新的一團雲隱隱若現，就要壓境而來。我們有許多顧客正在歷經關鍵的轉折點。家得寶（Home Depot）就是其中之一。

1978年，伯尼・馬可斯（Bernie Marcus）和亞瑟・布蘭克（Arthur Blank）在洛杉磯一家咖啡店想出一站購足家庭修繕材料店的構想，從那之後，家得寶就一直是一家極為成功、獲利豐厚的非凡企業。它那有著明亮橘色招牌的倉庫式大賣場，為長久以來讓包商和屋主備感挫折、分散而僵硬的供應鏈帶來方便和秩序。它也善用、很可能也加速一項重大的社經變遷：強勁的經濟，加上簡便易得的信用資金，不只引爆盛大的房地產榮景，也把數百萬美國人變成家居修繕迷。購買、翻修和出售房屋的電視節目開始成為收視的常勝軍，為家得寶在時代的中心贏得一個令人艷羨的地位。

隨著房地產榮景不斷增長，Salesforce的顧客群裡，家得寶絕對不是唯一一家開香檳的公司。但是，榮景泡沫破滅之後，經濟大衰退帶來空前嚴重的宿醉。直直落的房屋價格、緊縮的信用市場、消失的工作，家得寶的

擴張也跟著踩下緊急煞車。民眾失去翻修房屋的熱情，他們只希望自己還能保得住房屋。

2008年9月，雷曼兄弟垮台，引爆股市崩跌，家得寶的財務長指示店經理把所有的現金，包括全國各地每一台收銀機、每一部保險箱裡每一張皺巴巴的鈔票，全都轉到亞特蘭大總部。接下來的幾個月，這家公司盡一切所能讓現金留得愈久愈好：刪除所有的資本支出、凍結展店計畫、暫停買回庫藏股計畫、關掉3個重要部門，並裁撤7000名員工。

占地廣大的商店、龐大的存貨，這些一度是家得寶最亮眼的競爭優勢，突然之間卻變成最沉重的負債。曾經熙熙攘攘的走道和停車場，現在幾乎是空盪盪。銷售呈兩位數衰退，數千名身穿橘色圍裙、累積多年專業、建立緊密顧客關係的銷售人員，陷入昂貴的閒置狀態。更糟糕的是，家得寶的耳邊正傳來亞馬遜等線上零售巨人不祥的腳步聲，以令人無法置信的低價對他們下戰帖。就像許多實體零售商，家得寶也開始懷疑，有些顧客只是用他們的商店作為產品展示間，把他們的員工當做顧問，然後開車回家，在網路上買他們需要的品項。

在Salesforce，我們也為家得寶的困境深感憂慮。從這家公司在2007年成為我們的顧客以來，我們就與他們在一些較沒有那麼重要的小規模專案上合作，同時提出

更大的專案。我們想要幫助家得寶為即將顛覆零售業的數位破壞浪潮做好準備。但是，經營管理者告訴我，現在不是時候。這家公司不想增加任何新開銷。

2011年，沉潛的市場終於開始浮出水面呼吸新鮮空氣，但是經濟復甦顯然無法彌補所有移往網路的銷售。我們知道，如果家得寶要有一個穩固的未來，就需要採納數位策略。

在遭遇美林的挫敗之前，我們就相信，傾聽顧客是每個Salesforce員工的職責，我們要試著理解顧客真正的需要，而不是把最新產品推銷給他們，設法把銷售額衝到最高。為了把這件事做好，我們通常不得不離開辦公桌，設身處地的從顧客的立場思考。執行長也不例外。

於是，2011年時，我決定親身投入家得寶的業務。我與Salesforce在亞特蘭大的辦公室一起研擬一項計畫，然後搭機出差到亞特蘭大，向家得寶的經營管理團隊發表簡報。我的目標是激發思維的轉變。我想要說服他們，科技可以是救生圈，而不是死刑。

我們前往會議的途中，Salesforce在亞特蘭大的大型客戶部門主管華倫‧威克（Warren Wick）覺得很樂觀。他說，家得寶的防衛措施已經開始出現成效。他們終於準備好採取攻勢。可是，當我們的車通過停車場的警衛室時，我們兩人都陷入沉默，因為警衛人員把企業總部

稱為「商店支援中心」。這句話透露出我需要知道的所有事情。顯然，家得寶在早就應該採取數位策略、讓顧客支援可以上線的時候，仍然認為自己的未來在它的倉庫式實體大賣場。

「在家得寶，」華倫解釋道，「所有的思維都在實體商店上打轉。」這句話證實我最深的恐懼。

「他們知道亞馬遜沒有實體商店吧？」我答道。

我們必須說服家得寶把社群放在公司文化的核心，而不是以實體商店為主。

科技可能會帶來顛覆。數千家企業都活在「Uber化」或「亞馬遜化」的恐懼裡，在很多例子裡，這就是實情。但是，在此同時，科技也有不可思議的價值，可以連結你的顧客，並賦予顧客權能。那正是家得寶必須做的事，而我相信，Salesforce的工程師可以為這項工作提供最完美的軟體。

這項挑戰比我們想的還艱鉅。這家公司甚至連顧客資料庫都沒有。「我們在科技領導還需要很多協助，」資訊長麥特‧凱瑞（Matt Carey）告訴我。然而，問題不在於科技本身。問題在於錯失與顧客建立多面向關係的機會。

我們向家得寶提議，為它所服務的屋主和包商的成功做投資，也就是提供他們一個管道，可以取得完成一

項工作所需的工具、材料和建議，而不是要他們造訪店內，與穿著橘色圍裙的業務代表洽談。除此之外，家得寶也要讓他們可以從家裡或工作地點，舒舒服服的登入網路。

說真的，這是一個相當簡單的概念，我告訴麥特：「你需要的是一個在每個可能的層面建立深度關係的新方法。」

我們建構一個軟體應用程式，用以連結家得寶遍布全美國、知識超級豐富的橘色圍裙店員，讓他們能夠在行動裝置上即時彼此諮詢。如果他們無法回答某個顧客的問題，或是找不到某個品項，或者有某個業務人員想要與同事諮商，或是指導同事，他們只要輸入幾行字，就大功告成了！

家得寶的新倉儲應用軟體成長迅速。到了2018年，這個「蜂巢心智」（hive mind）社群平台有19萬名活躍的用戶，每個月有200萬則貼文。顧客走進家得寶任何一個寬敞的店面時都知道，無論他們的計畫在心目中是何景象，幾乎一定可以在這裡得到實現那個景象所需要的解答。隨著時間過去，包商和屋主不再把家得寶視為華麗的展示間，而是把它當成一個讓人感到賓至如歸的社群，由知識豐富的店面助理所組成，他們樂意、也有能力協助顧客，挑選出完美的油漆顏色、最棒的洗衣機，

或是適合完成工作的動力工具。

最終，Salesforce幫助家得寶為展開DIY計畫的顧客建構一站化資源，例如改裝廚房，還有向包商下單的系統，可以監督裝修工程，像是舊屋的拆除，或是安裝新馬桶。

2014年，家得寶終於不再原地踏步。這家公司急遽成長，跌破所有人的眼鏡，當然，也打破大部分大賣場零售業者的成長軌跡。家得寶的股價在接下來4年間翻漲超過兩倍，這點多半要歸功於它蓬勃的網路零售業務。2017年，《快速企業》（Fast Company）把這家零售商封為全世界最創新的企業之一。

家得寶成功的祕密是結合實體據點和網路服務，以創造出顧客真正想要的社群體驗。

家得寶的業務過去一直取決於有多少電鑽頭和灰泥板在櫃台結帳出售。藉由無線方式連結它廣布各地的業務助理，並連結消費者和包商，家得寶終於體認到，科技不是敵人。

一個顧客在她建造的美麗涼亭裡開一瓶酒時所感受到的那股自豪；或是一家包商不只準時完成一項艱鉅的工程，而且還在預算內完成，因而鬆一口氣，這些感受的價值無法用金錢標價。但是，我確實可以告訴你，家得寶改寫了故事。它不再視科技為威脅，就像麥特所描

述的，科技是一種工具，能使顧客覺得有人了解他們、與他們建立關係、也關注他們。家得寶成功的時候，也是我們成功的時候。

## 改寫成功的定義

這些年來，Salesforce也搭到幾陣來得正是時候的順風。無疑的，其中一項就是轉型為電子商務的趨勢，以及企業愈來愈重視顧客的數位體驗。

我們在1999年押注的新興產業，也就是顧客關係管理（CRM），到了2013年已經成為業內最大、成長最快的軟體部門。畢竟，每家賣產品的公司都需要消除在線上與顧客互動時遭遇到的阻力，而這個必要性會從業務部門往上擴散到IT部門，再到幾乎每個事業單位。

不過，在當時，我無從知道顧客成功的哲學會很快成為董事會主題。它不只在像我們這類主要致力於服務其他企業的產業裡具有重要性，「顧客成功」在每個部門都已經是熱門詞彙，從交通運輸、娛樂到零售、金融服務，都是如此。

公司的營運活動，沒有什麼比如何與顧客互動更為根本。當線上入口網站取代顧客服務中心、演算法取代第一線人力，在這樣的一個世界，像我們這樣的一家企

業必須不斷證明，我們顧客所渴望的個人關係不但仍然存在，也會一直存在。我指的不只是顧客與我們的業務代表或顧客成功經理人之間的關係，也是和執行長之間的關係。

即使我現在經營一家員工超過4萬人的公司，我從來不曾忘記從父親那裡學到的事情：沒有任何事物能取代人的關係，這是任何企業的基石。2013年，我們發現，隨著我們在全球的業務規模擴大，我需要引進另一位經理人：這個人要與我有共通的企業價值觀，能與我一起努力在人性層面上與顧客建立關係。

多年來，我一直想要延攬啟斯・布洛克（Keith Block）加入 Salesforce。現在，我認為是我盡全力爭取他的時候了。啟斯和我同期進入甲骨文工作，但是我們各自在東西兩岸工作，對彼此並不熟悉。他在甲骨文待了超過20年，最新的近況是擔任最高經理人，打造他們的企業業務。我知道他屬於那種能夠「說顧客的語言」的罕見人才類型，能夠幫助我們下一個階段的成長。

大約在那個時候，我們正在進行美林證券的復康計畫，我邀請啟斯來舊金山共進早餐。啟斯來自波士頓，因此我們的會面自然而然的從熱烈討論各自家鄉的球隊展開：他的愛國者隊和紅襪隊，還有我的金州勇士隊和巨人隊。然後，接下來的兩個小時，我們交換彼此對創

新、企業文化，當然，還有對顧客成功的觀點。

啟斯在卡內基梅隆大學攻讀資訊系統和管理科學，他對這些主題的觀點，鞭辟入裡而令人大開眼界。我也看得出來，他的東岸專業主義和莊重有禮的舉止，與我的加州氣息和外向的個性，兩者是很好的互補。當我發現他有一件夏威夷衫時（我最喜歡的衣著），我知道就是他了。

在那之後不久，啟斯成為我們的新總裁，後來擔任我們的營運長。人才是任何卓越企業的基石，這不是什麼祕密，但是這位新加入的生力軍後來成為我們堅強的中流砥柱，這點再怎麼強調也不為過。當Salesforce擴張產品組合，除了銷售和服務，還納入行銷、分析、AI和更多其他產品時，啟斯幫助我們拓展足跡，跨足全球各地的金融服務、醫療保健、零售和其他各式各樣的業務。

我現在知道，啟斯加入團隊，讓我們的顧客更成功，因為這使整間公司更能滿足顧客的需求。原來，顧客成功不只是良性循環，它也是一條雙向道。


## 穿上顧客的鞋，走一哩路

當我回想我們與美林最近的災難，我不會忘記前德國可口可樂執行長烏立克・尼漢默（Ulrik Nehammer）曾

經告訴我的話;就在他來Salesforce報到前不久,他對我說:「做決策最危險的地點是在辦公室。你必須在顧客所在的地方做決策。」

那就是為什麼在我們復康計畫活動的最後一個階段,賽門的工程師大軍直接進駐美林的辦公室,當顧問們工作時,就待在他們身邊。這麼近的距離,能讓工程師處理已經挖掘到的深層軟體問題,並根除新問題。這也能讓他們在現場改良解決方案,判斷顧問的反應。

2014年9月,在第一記警鐘響起後大約一年,我們對所有美林的顧問推出一個新控制台,而那時美林的顧問人數已經高達2萬5000名。我們提供一種安排行事曆與排程的全新方法,並簡化攫取筆記和建立工作的方式,甚至還引進新的蒐尋範式。幾個月內,美林內部採用我們平台的比例從60%爬升到90%。很快的,我們脫離「禁閉區」,重新受到他們的重用。

我們大可以用微觀管理問題的方式挽救美林這個客戶,花費適當的力氣平息他們的不滿。那當然會容易得多。但是,我們沒有那麼做。我們解決問題的方法是記得我們的理想抱負,不怕重新思索過去有用的方法。

重新贏得美林業務的感覺很好,但是對我來說,感覺更好的是我們的價值觀所創造的完美綜合效果:以「顧客成功」為優先,讓我們重新贏得美林的信任,同

時激發出新的解決方案和創新成果。這個危機還讓我們得到一張為顧客診斷問題的新藍圖，它同時也是實用的提醒，指出成功不是使盡渾身解數留住顧客的生意，而是給顧客成功需要的工具，並且這些工具不只是現在有用，還能在未來幾年發揮效果。

————————

很快的，在一位新客戶和我們之間出現另一種問題時，證明這些學習有其益處。

愛迪達的執行長卡斯珀・羅爾斯泰德（Kasper Røsted）告訴我們，他的跨國運動服品牌正在設法熟悉新興世代的購鞋者。他解釋道，這些人是期待「立即滿足」的數位原生代，而愛迪達在確保得到立即滿足世代顧客上面臨相當大的壓力。造訪愛迪達網站的線上顧客，螢幕上經常閃爍著「請稍候再次來訪」，更糟的是跳出「網站關閉」的訊息。這家公司推出肯伊・威斯特（Kanye West）人氣爆表聯名鞋款「Yeezy」，並舉辦網路一日獨家、限量銷售活動，網站卻因為瞬間流量太大而掛點，不但讓公司出糗，疏遠了顧客，甚至造成公司與肯爺的關係陷入緊繃。愛迪達需要徹底翻新顧客體驗，消除把顧客變成批評者、而不是熱心宣揚者的摩擦。愛

迪達知道下一款Yeezy會大賣，需求是現成的。根據愛迪達的定義，成功完全繫於提供符合顧客期望的交易體驗，並與數億粉絲建立客製化的關係。

我們與愛迪達合作，確保平台可以處理大量同時造訪的訪客，我們也剔除操縱系統以掃購Yeezy和其他熱門品項的網路機器人。我們能夠相當迅速的處理技術問題，協助愛迪達創下假期單日銷售新紀錄，同時建立一個以這個品牌為核心的數位社群。

然而，愛迪達面臨更大的策略挑戰是如何為產品需求增加價值，把需求轉化為長長久久的顧客關係。愛迪達需要更好的方法，讓運動鞋迷與它的網站維持更頻繁的互動，無論有沒有快閃特賣活動，都能夠拉高網站拜訪人次。

在開始寫第一行程式之前，我們每個人都買了愛迪達三槓正字標誌的運動鞋。我們一直在談穿上顧客的鞋走一哩路的重要性，這是我們可以真正實踐這句話的機會。我穿著14號的費瑞・威廉斯（Pharrell Williams）愛迪達聯名鞋，召集我們最出色的工程師和數據科學家，我告訴他們，他們全都要到愛迪達總部蹲點。不久之後，Salesforce當時的產品長艾力克斯・戴揚（Alex Dayon）把一部十八輪半掛式卡車開進愛迪達總部，車上裝滿展示品和機器人，說明人工智慧如何發揮助益，幫

助公司更了解顧客，以完全不同於以往的方式與顧客互動。

AI驅動的網站可以分析過去採購交易所儲存的數據，預測每個購物者想要的風格、引導他們接觸個人專屬促銷，藉此讓每次的顧客互動都是為個人量身打造。這些智慧產品推薦能幫助顧客準確找到想要的東西。

2017年11月，愛迪達推出一項與Salesforce共同打造的AI驅動app，而到了2019年春天，這個app的下載累積超過700萬次，遍布25國。2018年，愛迪達的網路營收飆漲36%。

愛迪達的成功也是我們的成功。我們傾聽他們的心聲，吸收他們的文化，理解他們真正的需要。那就是我們與他們搭檔達成這項成就的方法。

————

在寫作本書時，我知道關於商業的未來，還有無數奧祕等著我們去揭曉。這是一個永遠沒有終點的過程。不過，講到顧客成功，有四個非常清晰的重點。

第一，科技的演進永遠不會停止。在未來幾年，機器學習和人工智慧可能是你成功的絆腳石，也可能是你成功的墊腳石。成功和這些工具的運用脫不了關係：透

過它們，你會以迥異於過去的方式理解顧客，因而能傳遞更智慧化、個人化的體驗。

第二，無論是為投資機會與目標客戶找到更好的媒合方式，或是讓顧客感受到令人讚嘆的裝修住家體驗，我們現在擁有的都是空前的絕佳工具，可以幫助我們實現任何定義中的成功標準。

第三，顧客成功取決於每個利害關係人。我指的是敬業、盡責的員工，在一個能讓他們拿出最佳工作表現的環境裡，追求職涯成長，而這點從實習生到執行長等所有員工都適用。還有設計並實行顧客解決方案的伙伴，以及我們的社區（提供學校、醫院、公園和其他各項支援我們全體的設施），也是同樣的道理。

第四，也是最重要的一點，顧客真正想要從企業得到的事物，以及企業實際上能夠提供的事物，兩者之間的落差正在迅速消失。這一點將會改變一切。在未來，在已經進行的事物上精益求精將不再是最重要的事，重要的是我們想像力的邊界可以延展得多遠。

催生幾年前還不可能成真的成功故事，幫助顧客以嶄新方式發展欣欣向榮，這樣的能力將成為任何成功企業的成長驅動力。我相信，我們正進入一個新時代，顧客會愈來愈期待你創造奇蹟。不管你做什麼，都要把顧客放在核心；如果你不重視這點，將會被時代拋在後頭。

無論你做的是汽車、太陽能板、電視節目或任何其他產品，其中都蘊藏無盡的機會。每家公司都應該潛心致力於幫助顧客找到新目標，並開拓通往新目標的新路徑。

　　為了做到這點，我們必須克制衝動，不要急著進行迅速而細微的改良，而是要花更多時間，深入傾聽顧客真正想要的事物，即使他們都還沒有完全意識到那是什麼。說到底，最重要的是承認你的成功與顧客的成功密不可分。

# 05

# 創新

## 人工智慧與生態系統的力量

2015年夏天，Salesforce有十幾位天王級工程師收到我發出的會議邀請。會議主旨欄只有兩個大寫字母：AI（人工智慧）。

這些工程師到達會議現場、圍著會議桌入座，我看得出來他們對於接下來要發生的事已經相當有概念。我召集他們是要宣布，我們要展開一項全公司的專案，把AI注入產品組合裡的每個品項。他們的工作就是設法運用公司裡所有的人才去做這件事。

不要有任何壓力。

如果微處理器是20世紀末科技的代表，那麼，不管從哪個可見的指標來衡量，人工智慧和機器學習都可望成為21世紀進步的象徵。不久之後，我們生活最重要的功能，都要依賴我們與這些無形潮流共泳的能力，至於Salesforce和顧客未來的成功，更是需要這項能力。我們都不願意在創新方面落於人後。

我召集我們工程師的那一天，AI在當時仍然處於萌芽階段，不過已經用於許多專精化的工作，例如Google的預測蒐尋、金融機構的詐欺偵察、即時的語言翻譯，還有挑選最受喜愛的貓影片等。第一代由人工智慧驅動的裝置已經上線運行，如蘋果的Siri和亞馬遜的Alexa，回答像是「天氣如何？」或「我的行事曆今天早上有什麼事？」等問題、應要求啟動家電、儲存購物清單和待

辦事項清單等資訊，還有不斷建立數千個變項之間的關聯，以幫助未來的互動「更聰明」。

　　雖然這些應用看似已經很尖端，但我們都知道它們蘊藏著我們甚至還沒有開始想像的潛能。無論是在雲端，還是在我們的口袋裡，電腦的力量已經如此強大，能產生數量極其龐大的數據，因此機器學習的突破不但會改造業界，也會徹底顛覆整個賽局。這件事會發生得很快，不久之後，顧客會要求我們帶領他們進入這個新領域。套用我的共同創辦人哈里斯所說的話：「AI的影響會超越網際網路。我們還在比賽的第一局。」

　　AI的雄厚潛能在於，這是企業第一次有機會運用它在顧客行為、產業趨勢、人口變遷特徵以及更多層面所取得的大量資料，開始挖掘人類大腦無法偵測的模式。隨著機器變得愈來愈聰明，這些能力不但會更繁複精細，也會用於量身打造高度準確的溝通：從接觸顧客的最佳時機、電子郵件恰當的主旨標題，到在社群媒體上描述產品時應該強調哪些功能或特點等，無所不包。換句話說，AI可以運用它對過去事物所有的「理解」，對未來做出準確度高得驚人的預測。我們知道，如果充分善用它的潛能，它就能產生有用的情資和洞見，幫助我們的顧客達到超乎他們想像的成功。

　　AI最令人興奮的前景，並不是它提升工作完成效率

的能力；而是它能讓幾乎每一件事都做得更好，這樣的潛能令人心馳神往。這種龐大的潛能也是AI如此艱鉅的原因，我們連像是藍圖的東西都沒有，行動計畫就更不用說了。我們想要為企業建構AI工具：讓每個顧客只要點個幾下就能輕易客製化的工具，不勞顧客動手編寫程式碼，同時他們可以在電腦或智慧型手機上處理數十億筆消費者的交流訊息。但是，由於過去沒有人曾打造出這樣的工具，我們也不知道從何著手。

我們利用大幅躍進的運算能力，發展更精細繁複的演算法，以蒐集、解讀顧客資料，而我們所投入的時間，全部都只是序曲。如果AI的應用可以發揮效能並遵守道德，我們知道它能締造不可思議的事物。我們也知道，它會是我們企業生存的命脈。

————

對許多人來說，「創新」一詞幾乎已經成為矽谷的同義詞，而這點也其來有自。畢竟，有這麼多標幟性的科技公司都在這裡誕生，如惠普、英特爾、蘋果、甲骨文、思科、財捷和Google，這還只是少數幾個例子。每年仍然有數千家新創公司以矽谷為根據地，希望能成為傳奇的一部分，而矽谷精神已經出口到全球許多創業城

市。不是每個夢想闖出「下一番大事業」的人都能美夢成真。不過，有些人確實如願以償。

我就在這個享負盛名之地附近成長，我看著科技改變地貌：在真實世界如此，微晶片廠取代農地和杏桃果園；在虛擬世界也是如此，這個地區成為龐大隱形網路的樞紐，連結全世界各個角落的數十億人口。

我看著這個地區在歲月流轉中演變，目睹許多一度前景看好的公司耗盡現金、飛灰煙滅，許多天縱英明的創業家過勞隕落，還有高掛在許多辦公大樓樓頂的公司標誌隨著樓主的更迭而移易。我也了解到，化為歷史注腳是多麼容易。要挺過不斷吹拂著矽谷（以及任何重大事物發生現場）的變動之風，光是嘴巴上談談創新是不夠的。如果你不重視創新，把創新奉為根本原則，你就永遠無法實現創新。

我們在Salesforce內部討論創新的時間多到難以估算。在我們所有的核心價值觀裡，創新是最能與企業成功的傳統指標進行量化連結。那就是為什麼我們要雇用最聰明的人才，然後在公司內部發揮創意孕育創新。因為對任何企業來說（對任何科技企業來說當然也是如此），創新與股價、營收和獲利等衡量指標有相當直接的關連。

成功的企業需要不斷創新，其餘免談。

2015年的那一天，我與頂尖的工程師圍桌而坐，我知道我要賦予他們一個充滿雄心壯志的挑戰，那或許是我們公司有史以來最具野心的任務。我也知道，這是個風險很高的賭注。放在賭桌上的，不只是Salesforce能否在AI領域開創未來，而是我們能不能有未來。

我有信心，我們的團隊能夠達成使命。畢竟，他們已經克服那麼多挑戰，想辦法把雲端、社群網路和行動性都融入我們的CRM應用程式。同時，我也知道，在我們試圖攀登的高峰裡，AI是最高的一座山。

關於高賭注的事業，我學到的就是它們基本上是壓力測試。它們一定會讓你忍不住質疑你的價值觀，甚至會讓你鬆懈。但通常，它們也會開啟令人眼界大開的新見識，讓那些價值觀更深入你的文化。

2015年的那場會議沒有特別長。我們討論一些我們認為有潛力的AI應用，發想一些可能可以追求的新方向。我的團隊和我都已經知道，這項挑戰會迫使我們起而實踐我們嘴上談論的創新，並且必須改造舊有的方法。我們要做的將不只是召集一流的人才，給他們一個期限，然後打發他們上工。就像我們即將明白的，要克服這項挑戰，需要某種勇氣。

在會議最後，我在月曆上圈出一個日期：2016年的Dreamforce大會開幕日。只有不到一年的時間要完成我

們破天荒的第一個AI產品。

我們有充裕的時間用功。AI是我們的期末考。

## 「專注於當下，投射於未來」

我人生中的第一個重要模範人物，除了父親和外祖父之外，就是愛因斯坦。

當然，愛因斯坦是天才。他是有史以來最偉大的創新者之一，他可以說解開了宇宙的祕密。但是，還不只如此。愛因斯坦是社會正義的倡議者，為反對核武的運用和擴散而不懈怠，體現何謂價值觀的身體力行，一如外祖父的作法。

除了這些之外，他還能本著孩童般的好奇心，滿懷熱情的從事他的工作。據說，他曾評論道：「想像力是最極致的研究。」

在我的心目中，愛因斯坦是集知識、道德信念、直覺和永不滿足的好奇心於一身的罕見人物，是一個幾乎不可能的理想原型化身。就像後來啟發我的禪宗大師們，愛因斯坦能夠放下先入為主的觀念，以無拘無束的方式思考世界。這是我最終渴望在Salesforce內部重新創造的精神。

我還是青少年時，在我的臥房掛了一張愛因斯坦

的海報，並說服我的高中數學老師在他的教室裡也掛一幅。青春少年多愛咬文嚼字以標榜自己（或許還帶著一點年少輕狂），所以在柏靈格姆（Burlingame）高中畢業紀念冊裡，我引用這位偉人的話：「偉大的靈魂向來會遭遇到發自平庸心智的激烈反對。」

我們在舊金山租來的公寓成立Salesforce的第一間辦公室時，就是在愛因斯坦關注的凝視下，日以繼夜的工作到一身邋遢憔悴。我的共同創辦人哈里斯、大衛・莫連霍夫（Dave Moellenhoff）和法蘭克・多明格茲（Frank Dominguez）與我不是在編寫什麼物理法則，但是我們一心一意要顛覆軟體業，證明懷疑者錯了。

當然，在我這一行，我不是愛因斯坦唯一的追隨者。畢竟，曾經夢想成為未來創新者的人，都會忍不住向走在他們之前的偉大創新者致敬。

這或許可以解釋為什麼我心目中下一個最重要的典範人物，非傳奇的史帝夫・賈伯斯莫屬。

我第一次和史帝夫見面是在1984年，當時蘋果公司雇用我當暑期實習生。我得到這份差事其實純屬偶然；那時我是南加大的大學生，聯絡蘋果公司的麥金塔團隊，只是為了申訴軟體裡的一個小瑕疵，結果不知怎麼的，對話講著講著，讓我談到一份工作。儘管我盡自己最大的努力裝出一副開發老手的樣子，然而19歲的我，

全部的程式設計經驗就是在高中時寫的十來種遊樂場和
冒險遊戲。在蘋果工作像是進入大聯盟，雖然我覺得自
己遠遠不符資格，那年夏天卻沒有人把我掃地出門。賈
伯斯經過我的工作隔間時，我不知怎麼的鼓起勇氣，主
動和他攀談。

　　我們的對話不多，可是透過那些小小的互動，我們
還是培養了一些交情。史帝夫和我都熱愛科技和科學，
也都熱愛靜思冥想和東方哲學。他除了是一個聰慧的經
營者、無人能出其右的創新者，也是一個性靈高、直覺
強的人，有一種能一次從許多觀點看世界的天賦。我明
白他願意與人分享他的智慧，於是我無畏的向他請益。

　　即使我的實習結束，我們仍然保持聯絡，而隨著我
的職涯進展，他也成為我的導師。那就是為什麼在2003
年某個令人難忘的一天，我會在蘋果總部的接待區焦慮
的踱步。

　　Salesforce進入營運的第四年，我們雇用400多名員
工，創造超過5000萬美元的年營收，為來年的IPO（首
次公開發行股票）打好基礎。我們有理由為自己的進展
感到驕傲，但是我太了解科技業，我知道驕傲是危險的
心態。

　　說真的，我覺得自己卡關了。為了讓公司躍進下一
個成長階段，我們必須邁出大膽的一步。我們已經度過

讓許多企業崩毀的驚恐起步期，但是要經營一家每一季都必須把自己攤開在華爾街投資人眼前的上市公司，我想破了頭，也想像不出我要如何挺過這一切。

有時候，尋求導師的指引是確保自己能熬過低迷期的唯一方法。那就是為什麼我決定要去庫柏提諾（Cupertino）朝聖。

那一天，史帝夫的幕僚人員領我進入蘋果的會議室，我感到一股興奮流過我緊繃的神經。那一刻，我憶起一個菜鳥實習生鼓起勇氣、對大老闆吐出幾個字是什麼樣的感覺。幾分鐘後，史帝夫匆匆趕來，一如以往穿著他的標準服裝：牛仔褲和黑色套頭高領衫。我還沒想好自己究竟要問他什麼，但是我知道我最好直接切入主題。他是個大忙人，而且以坦率直接、迅速回歸重要事物本質的能力而聞名。

於是，我給他看我的筆電裡 Salesforce 的 CRM 服務解說，而一如以往，他立刻就有些想法。史帝夫針對我們軟體的基本功能、到導覽標籤的形狀和顏色，連珠砲似的快速提出一連串的建議，之後他坐定，抱著手，點出更重要的事情。Salesforce 創造出「精采的企業網站，」他告訴我。但是他和我兩人都心知肚明，光有這個根本不夠。

「馬克，」他說，「如果你想要成為卓越的執行長，

你......要專注於當下，投射於未來。」

......我點點頭，或許有幾分失望。他之前給過我類似的建......不過他還沒說完。

......帝夫接著告訴我，我們需要簽下一個大客戶，成長要......在24個月內達成10倍，不然就死定了」。我倒吸一口......然後，他說了讓人比較不驚恐、但更深奧難懂的話......們需要一個「應用生態系統」。

......大聯盟，我們必須拿下一個響噹噹的大客戶，這點我......。但是，Salesforce的「應用生態系統」長什麼樣子？......帝夫告訴我，這得要我去推敲。

2......年1月時，Salesforce的營收超過3億美元，自那次會面......後增加3倍以上。我們成長快速，但是我們發布的產......和功能愈創新，顧客對我們的期望就愈多。我們的工......師團隊儘管聰明絕頂，卻也已經開始碰到生產力的極......私底下，我開始擔憂，我們能否因應規模擴大的......

......去的時代，和我相同處境的公司會借重它最聰......學家，把他們趕進大門上了三道門、門上漆著......密」的房間裡。這些接受指派的天才會長日閉......，一起咬牙建構原型，為黏土模型絞盡腦汁，與......環境噪音隔絕。當年最流行的創新模式，祕密、昂貴、耗時。外來的意見絕對不受歡迎。

等到流程進入尾聲，這些科學家就會出關：一副過度攝取咖啡因、不修邊幅的模樣，推著一台推車走出祕密基地，推車上放的是某個沒有人曾經見過的新產品。輪車上的東西是不是能改寫賽局規則的新產品，接下來就交由顧客來決定。不過，通常不是。

我們公司早期也曾經遵照這種過時的模式。然後，在2006年，Salesforce的創新方法開始起了變化。這不是一個刻意的決定，也不是我們投入許多時間所做的規畫，它幾乎純粹是對我們所遭遇挑戰的反應。我們發現，要進行真正規模龐大的創新，不能只是要求已經工作過度的工程部門付出更多。要擴張我們投入創新的心力規模，唯一可能的方法就是開始對外召募。

數位時代的一個獨特點，就是它的運作是透過一種截然不同類型的基礎設施：電腦程式的共同語言。沒有工廠，就無法製造汽車；但是一個程式設計語言流利的開發人員，只需要程式原始碼就可以建構新的應用程式。每一年，全球功力高強的開發大隊都在成長。我突然體認到，我們只要善用那些人才，想要生產多少部閃閃發亮的嶄新汽車都可以。

一天傍晚，在舊金山的一頓晚餐席間，我想到一個簡單到無法抗拒的點子。要是全世界任何一個角落的任何一位開發人員，都能在Salesforce平台上創造自己的

應用軟體，那會怎麼樣？要是我們願意在線上目錄儲存這些應用程式，讓任何Salesforce的用戶都可以下載，那會怎麼樣？我不會說我對這個想法一點猶豫也沒有。畢竟，我是抱著舊式創新觀點長大的人，認為創新就是要在我們辦公室的四面高牆裡誕生。根據這個觀點，開放外界修改我們的產品，近於放棄我們的智慧財產權。此外，這件事涉及放棄控制權，那是一種與領導力完全相反的感受。然而，在那一刻我的直覺告訴我，如果Salesforce要脫胎換骨成為我想要的新型公司，我們就要往四面八方、**在每個角落尋找創新。**

於是，我在一張餐廳紙巾上畫出我的構想。就在隔天早上，我去找我們的法務團隊，要他們註冊「AppStore.com」這個網址，買下「App Store」這個商標。

不久之後，我得知我們的顧客不喜歡「App Store」這個名字，甚至是討厭得很。於是，我心不甘情不願的讓步，而在大約一年後，我們推出「AppExchange」：它是第一個商業軟體市集，也是我們為「在每個角落尋求創新」這個新目標孕育的第一個重大計畫。

————————

我們推出AppExchange之後大約兩年，我在2008年

回到蘋果的庫柏提諾總部，觀看史帝夫揭曉蘋果下一個重要的創新引擎：隨處蔓延、沒有界限的數位中樞，可以讓數百萬顧客、開發人員和伙伴創造自己的應用軟體，在蘋果的裝置上執行。史帝夫是個表演大師，這場發表會也沒有令人失望。在發表會來到最高潮的時刻，他說出的那句話，讓我驚訝到幾乎不知所措：「我要向你們獻上 ──App Store！」

我所有的主管都倒抽一口氣。在2003年與賈伯斯見面時，我就已經知道他比我早下一百步棋。我們個個都不敢相信，賈伯斯選的名字，居然和我原先為我們的商業軟體交易所提議的名字一樣。

我覺得既興奮又慚愧。史帝夫在無意之間給我一個不可思議的機會，可以回報他5年前給我的那個深有遠見的建議。發表會後，我把他拉到一邊，對他說我們擁有「App Store」的網域名稱和商標，而我們很高興、也很榮幸，把權利免費讓渡給他。

2019年時，AppExchange有超過5000個app販售，從銷售交涉、專案管理工具到協同合作輔助，包羅萬象。將近90%的Salesforce顧客都在使用它們。

史帝夫幫助我理解到，商業的重大創新從來不會憑空出現。它們都是立足於數百個微小的突破和洞見，而這些都來自四面八方的每個角落。要打造一個生態系

統，就是體認到下一個改變遊戲規則的創新，可能來自某個以矽谷為根據地的聰明科技人員和導師，也可能來自身在世界另一個半球的程式設計新手。當然，這項原則適用於科技，也適用於智識、科學和理論上的突破。

不管是在軟體圈、零售業、藝文界，或是其他任何領域，尋求達到真正規模擴張的公司，必須在自己的高牆之外尋找創新，善用外界那一整個知識與創意的宇宙。

## 創新，來自四面八方

2014年，Salesforce買下一家名叫RelateIQ的公司，它的軟體能從使用者的電子郵件、行事曆、智慧型手機的通話和社群媒體貼文擷取數據，用以提供重要的見解和提醒。比方說，如果業務人員沒有收到顧客的回覆，軟體可以集合所有相關的變項（像是他們最初的拜會日期，還有之前全部的電話、電子郵件通訊內容），然後自動產生工作提醒，讓業務人員跟進後續的追蹤工作。同時，這是我們在軟體內建AI能力最唾手可得的標的。它既實用且具預測功能，是我們需要推展到整個事業的智能產品。

我在一年後宣布我們的下一個重大AI計畫時，第一批專案裡有一項項目，與我們的銷售團隊多年來在回饋

會議裡描述的一個問題有關：他們迫切需要一種幫助他們按輕重緩急排定工作順序的工具，讓他們不必再花太多時間在不會開花結果的客戶上。

於是，由賀南・艾索瑞（Hernan Asorey）領軍的數據科學家小組接下這項挑戰，他們建構一個「機會評等」系統。基本上，這套演算法會檢視諸如銷售機會的時間長度、爭取同樣一位客戶的競爭者數量、客戶的現金價值、支援客戶的團隊等變項，然後以1星到5星表示機會評等等級。這套演算法可以追蹤結果並與它原來的預測做對照，藉此在日積月累中變得更聰明，在未來做出更好的建議。

這項工具受到我們銷售團隊的熱烈歡迎，讓他們的生產力立刻扶搖直上。於是，在2016年夏季，我們也開放部分客戶使用這個機會評等系統。當時離2016年Dreamforce大會開幕日還有一段相當長的時間，但是我們已經啟程了。

大約就在這個時候，我認為我們的AI計畫需要一個名字。相較於其他仍然有待我們去完成的事項，這件事聽起來或許是枝微末節，但是我們沒辦法安於永遠稱呼它「AI專案」；它需要一個識別名稱。我認為，它應該有個響噹噹而好辨識的名字，像是IBM的「華生」。不意外，我提議取名為「愛因斯坦」。這個名字實在適

合到無法抗拒：「Salesforce愛因斯坦，全世界最聰明的CRM！」此外，我們要模仿愛因斯坦的精神，才能打造這部叫「愛因斯坦」的機器。

預定在2016年Dreamforce大會首度公開的愛因斯坦，在發表日之前的數個月，我們由約翰・鮑爾（John Ball）、維塔利・高登（Vitaly Gordon）和舒哈・納巴爾（Shubha Nabar）所領導的小組，為了避開在Salesforce總部的干擾，於是轉移陣地，進駐帕羅奧圖市中心西榆（West Elm）家具店樓下寬敞的辦公室，在那裡不眠不休的工作。

但是，一如我們後來發現的，即使是待在那個隨興打造的實驗室，那些聰明人還是需要走出四面高牆之外尋找創新。

賀南自2014年起就在Salesforce工作，擔任一項重要、但算不上引人注目的職務，那就是部署資料，藉以理解我們顧客使用每一項Salesforce產品的情況。接著，他根據顧客採用率和市場趨勢，把這些心得應用於引導產品決策，例如要把最多的錢投資在哪些新功能和版本。

以創新為核心價值，並建立一個穩健的生態系統以孕育創新，這麼做最大的好處之一，就是鼓勵Salesforce上下各層級裡的每個人都能分享新構想。在Salesforce，我們相信，好點子就是好點子，毋庸置疑，不管這個好

點子來自何處。因此，從暑期工讀生到資深管理者，每個人都有信心，知道自己可以在對話裡提出自己的構想。

或許這就是為什麼在2016年初，賀南毫不遲疑的聯絡我，讓我知道我們遇到問題了。他在幾週前出席一場管理會議，而我曾在會中要求各地區銷售主管預測該季度的數字。他們每個人都告訴我，他們可以達成內部預測的目標，可是，當季度數字出爐時，我們有位銷售主管的預測卻完全錯誤，留給我們一個預料之外的缺口。

但是賀南不只吐露他的憂心，他還提出一個點子。

要是他能把所有季度銷售數據輸進愛因斯坦，建構一個能夠隨著時間愈變愈聰明的財務預測工具，那會怎麼樣？他推測，如果他設定的演算法對了，我們就不再需要仰賴主管做正確的季度預測。AI可以為我們預測。

這是一項大工程。要執行這項任務，賀南必須卸下他平時的職責。這種安排並不理想，但是我們知道，如果我們要破解AI的密碼，創新的順位必須放在每天的產品和職能之前。於是，賀南向他的主管戴揚要求時間和資源，也得到了主管的首肯。

這是開拓者精神的最佳寫照，而賀南成功了。近來，在我每兩個月一次的高階經理人會議上，愛因斯坦總是在場。在我的主管們針對各個區域、產品和機會提出意見和預測之後，我會在手機上詢問愛因斯坦，聽聽

它的想法。

然後，愛因斯坦會給我它對這一季的樂觀或悲觀預測，指出我們的優勢和弱點，甚至指出具體的模式或關注區域。有時候，愛因斯坦的分析聽起來很刺耳，挑動我敏感的神經。但是，它很少說錯。除此之外，它也給予我們一些我相信每家公司都需要的東西：客觀中立、不帶偏見、不流於情緒的意見。

即使這不屬於賀南的職責範圍，他的開發成果，最後不只成為我們銷售主管的內部工具，它還成為我們最紅的產品之一：「愛因斯坦預測」（Einstein Forecasting）。事實上，我在CNBC*吉姆‧克瑞默（Jim Cramer）的專訪中提到它之後，我的電話就開始響個不停，大大小小公司的執行長都打來一探究竟。他們個個都想知道，他們能不能使用「愛因斯坦預測」。

2016年9月19日，我們按照原訂時間，在Dreamforce大會正式推出Salesforce愛因斯坦。雖然我們對這項成就感到十分自豪，但我們也知道還有很多工作要做。這只是我們AI之旅的開端，我們的生態系統需要火力全開，才能有更多進展。

---

\* 　編注：Consumer News and Business Channel，消費者新聞與商業頻道。

## 進展之中

2018年某個夏日傍晚，在舊金山市區一家名叫「林蔭大道」（Boulevard）的餐廳，兩個 Salesforce 最聰明的技術人員窩進沙發雅座，點了一瓶紅酒，開始他們每個月的定期策略會議。

這場月會幾乎全都繞著他們最喜歡的主題打轉：AI。

我們的新任產品長布瑞特・泰勒（Bret Taylor）和首席科學家理查・索契（Richard Socher）已經進入我們 AI 計畫的下一個階段好幾個月了。在他們所做的事當中，有一項就是打造有深度學習能力的 app，無論任何人說的是哪種語言，它都可以以理解；還有創造能夠用任何人的自然語言發聲聊天的數位助理。他們在這個傍晚的討論是為了一宗野心勃勃的收購案：收購案的領導者是約翰・索摩傑（John Somorjai）和他在「Salesforce 創投」的團隊。我們在 2009 年成立這項創投事業，密切關注新興趨勢和有潛力的新興企業，同時拓展我們的創新生態系統，補強我們產品技術的不足，並尋找像布瑞特和理查這樣能幹的電腦科學家，召募他們加入 Salesforce。

39 歲的布瑞特活力充沛，擁有超齡的智慧，履歷也非常出色。他曾擔任過臉書的科技長，而那個想出招牌按「讚」鈕的工程師正是他。在那之前，他曾經待過

Google，是Google地圖的共同創造者。布瑞特也是一家名叫「Quip」的新創事業共同創辦人，Quip是一種app，可以跨許多裝置進行文件、清單、工作項目、試算表和簡報的即時溝通和協同合作。我們在2016年買下Quip時，不只得到布瑞特這位出色的科技人員和經理人，也得到許多下一代的生產力工具，能夠與Salesforce的系列產品整合。

理查也是開拓者精神的寫照。他是享譽全世界的AI研究人員，臉上一抹頑皮的笑容，還有一頭亂蓬蓬的紅髮，大家有時候會親暱的叫他「男孩科學家」。在許多週末，你會看到這個36歲的德國人，把飛行傘和噴射衝浪板裝進他的旅行車，一路朝著灣區駛去。看著他猛催馬達，一頭往碎浪裡直衝，你絕對猜不到他是深度學習領域頂尖的AI專家，教導軟體模仿人類大腦神經元以保存、處理資訊。他在自然語言處理領域也不是省油的燈，有超過3萬4000則學術文獻引用可以證明他的分量。

那一晚，布瑞特和理查信手捻來那些謎樣的縮寫名詞和術語，地表上沒幾個人能多少懂其中一些，即使在矽谷也一樣。這些成就非凡的創新者，還有其他數十個優秀的新進人員和老員工，都是我們在每個角落追求創新這項理念的體現。

拜他們的同心協力所賜，我們才能如此不著痕跡的

把AI注入產品，讓顧客幾乎沒有注意到它的存在。想想用亞馬遜的Alexa查天氣或播音樂是多麼不費吹灰之力，還有蘋果的Siri，或是Google助理。我們現在有類似的產品可以作為經營企業的幫手，而這都要感謝我們的首席行動工程師劉晴晴（Qingqing Liu，音譯）。她在短短幾個月裡，利用所有潛在的AI技術，加上數量驚人的Salesforce數據，變成令人驚異的體驗——我們現在稱之為「愛因斯坦聲控助理」（Einstein Voice Assistant）。

現在，愛因斯坦就活生生的在我的掌心裡，扮演聲控數位助理，它了解我們事業的脈絡、參加我們的會議，它也蒐集攸關資料，以更新與我們對話相關的記事和紀錄，甚至還會發表評論。我們的目標是，假以時日我們能夠為每一位顧客提供由AI驅動的數位助理，而它們也會隨著科技的演進而變得更成熟精細。

未來會有愈來愈多的創新來自人類和機器的合作，並利用兩者各自獨具的能力。有機器執行更多例行、重覆的工作，辨識人類無法辨別的模式，我們就能釋出更多時間，嘗試「專注於當下，投射於未來」（一如有位智者曾經給我的建議）。

大眾對AI的道德倫理有所顧慮，這點合乎情理，我也有同感。但是說到底，塑造人工智慧的是人類，而這些工具的道德水準，反映的正是AI建構者的道德水準。

同理，機器沒有初心，所有的科技在本質上都沒有良善或邪惡之分，關鍵在於我們怎麼使用它。只要有誠實、開放的對話，未來的產品也會一樣誠實而開放。

對 AI 和機器人自動化會讓工作消失的恐懼，也非常真實。這就是為什麼我相信，當電腦承接愈來愈多之前由人類從事的工作，我們需要找出更多方法，幫助人們不斷發揮開拓者好奇、開放、冒險的精神，這樣他們才能不斷學習，適應眼前這個美麗新世界。

不管喜不喜歡，人工智慧是我們的未來。無論是在 Salesforce 或任何地方，要讓它發揮效用的唯一方法，就是科技的設計者和使用者能夠合作無間。因此，完全接納「創新來自每個角落」這個事實，也變得更加重要。

————————

2017 年，理查‧索契加入我們公司幾個月後，一臉憂慮的來找我。身為首席科學家的他不理解，以他分配到那為數不多的預算，我怎麼會期望他負責我們設想的所有尖端科技工作。

「你投入的創新經費不夠，」他打從心底困惑的說，「你怎麼能把創新稱為核心價值？」

起初，我不太理解這個問題。在我看來，預算還可

以。然後，我想起理查在我們公司待的時間還不夠長，所以還不了解我們在Salesforce是怎麼研發創新的。他不知道，我們打造創新產品的能力，不單單來自我們在研究與開發投入多少資金。我們的創新能力也存於一個由好奇者組成的多元生態系統，他們會挑戰大家普遍接受的觀念，而且能夠追求瘋狂的點子。

我告訴理查，在Salesforce的創新之道就是：「我們在每個角落尋找創新。」

# 06

# 平等

## 好好照一照鏡子

2015年3月，Salesforce的員工成功長辛蒂·羅賓斯來到我家，參加一場我定期招待資深主管們的會議，我看得出來有事情不對勁。她看起來不只一反常態的拘謹，甚至有一點焦慮，她不尋常的帶了後援伙伴，也就是另一名女性資深主管蕾拉·賽卡（Leyla Seka）。

我從來就不認為公司的辦公室是放鬆、坦誠對話的最佳場景，那就是為什麼我經常在家裡的辦公室舉行一對一會議。這種會議的打扮標準是「休閒風」，翻譯成科技公司的語彙，就是「牛仔褲」。可是，在這一天，我為「休閒風」開啟一個新層次。事情是這樣的：我正在參加一項慈善Fitbit挑戰活動，我的競爭對手是戴爾的創辦人及執行長麥可·戴爾（Michael Dell），因此我當時頭戴一頂棒球帽，一身短褲、T恤，輕鬆悠哉的出現在會議場地。我可以從房間裡的能量感覺得出來，顯然有重大事件就要發生，而我卻像個健身狂人般現身。

辛蒂和蕾拉兩人都是40歲出頭，也都在灣區成長。辛蒂在2006年加入Salesforce擔任召募專員，最後升到總經理和人力資源長，掌管700名員工。蕾拉在2008年上任Salesforce AppExchange的行銷總監，後來也在我們的商業軟體事業單位歷任各種職務。

雖然她們是多年好友，兩人經常拿她們一開始並不對盤的事說笑。辛蒂自認是個內向的人，她那冷靜、堅

毅的專業人士形象，在公司裡是出了名的；蕾拉卻是個外向的人，她會穿勃肯（Birkenstock）涼鞋搭配設計師品牌絲巾，曾經在和平工作團（Peace Corps）工作。這兩個人在歷經一段一開始頗為曲折的磨合期後，終於因為都面臨著同樣的挑戰，也就是在一個由男性主宰的產業裡往上爬，從而建立緊密的情誼。

「怎麼啦？」我試探的問道。

如果辛蒂和蕾拉為我的運動裝扮感到奇怪，那麼她們一點也沒有顯露出來。她們坐下來，開門見山直接說到重點。她們是來告訴我，她們懷疑在Salesforce，女性員工的薪酬低於同樣職務的男性員工。

「我們必須知道，這裡是否有薪酬不平等的情況，」辛蒂說道。

我內心混雜著憤慨與驚訝，我的感受表露無遺。我承認，我內心的防衛正在節節升高。首先，我相信，光是辛蒂和蕾拉的存在，就是這個論點的反證：這些高職位、高薪的女性經理人，就是Salesforce致力於實踐性別平等活生生的證據。

此外，我已經投入整整三年的時間努力解決這個問題。2012年時，我開始注意到，我召開會議時，會議室裡通常沒有一位女性，這點讓我感到驚駭。我很快就得知，Salesforce的全體員工當中，女性占比不到29%，而

主管層級只有14%是女性。為了確保有能力的女性員工有角逐領導職位的機會，我推動一項我稱之為「女性崛起」（Women's Surge）的計畫。我向大家宣告，公司要前進，就要把性別平等列為優先事項。從現在起，從大型管理會議到小型產品檢討會，任何會議的與會者，應該至少要有三成是女性。

以平等為價值不只是公平的問題，也不只是關乎做正確的事。它和公關（又戲稱為「光學」[*]）、甚或我的良心都沒有關係。它是打造一家好公司的關鍵條件，就是這麼簡單明瞭。關於這點，有無數研究可以證明。例如，麥肯錫有一項研究指出，經營管理團隊性別多元程度高的企業，有21%的獲利高於多元程度較低的企業。此外，在經理人的種族與文化多元性排名前25%的企業，有33%的獲利高於排名後面的企業。

智庫機構彼得森國際經濟研究院（Peterson Institute for International Economics）有一項涵蓋91國、超過2萬家上市公司的調查發現，公司的女性主管較多，與企業獲利增加相關。事實上，相較於經營管理團隊清一色為男性的公司，最高管理職的女性比例達30%的公司，淨利

---

[*]　編注：optics，原指光的現象與應用的科學，在公共關係裡引申為看待事情的眼光。

能增加1%。

回顧2015年時，我知道我們在這個議題上還有很長的路要走，但是我完全相信，在科技圈，Salesforce屬於真正重視性別平等的少數陣營。所以，我不相信薪酬不平等是普遍現象。「不可能，」我告訴她們。「那是不對的。那不是我們的營運理念。」

辛蒂凝視我。接著，她用過去說服我放棄錯誤立場的謹慎語調解釋道，她邀請蕾拉一起參加這場會議，是因為她們同時心生同樣的顧慮。「我們得到提拔、得到更高的職位、得到升遷，而我們在這個時候開始一起動腦思考，」辛蒂接著說。

以直來直往聞名的蕾拉也插話了。「馬克，你看，」她說，「和我同職級的男士都在買昂貴的特斯拉車。或許男性比女性賺得多只是感覺。但或許，它是一個醜陋的事實。」

我知道，她並不是暗指薪酬不平等是公司刻意為之。薪酬不平等是企業裡根深柢固、難以處理的問題。而辛蒂提出的研究顯示，根據美國勞動部的資料，在2014年，全職工作女性的平均薪酬大約是男性的79%。女性政策研究機構最近發現，從2001年到2015年，女性的所得大約是男性的一半，即使把投入家庭或照顧孩子的時間納入考量也是如此。此外，一如我後來發現的，

即使在教育程度較高的主管身上，薪資落差的情況也持續存在：《金融時報》（*Financial Times*）2018年全球最佳MBA課程排名中有資料顯示，平均而言，在取得學位之前，女性的所得比男性少9%，而在畢業後3年，差距是14%。

我告訴辛蒂，這些絕對都是真的，但是在一家這麼努力避免這個問題的公司，怎麼還會發生這種事？

辛蒂挪了位置往後坐，開始耐心的解釋，薪酬落差如何偷渡到工作人力。無意識的偏見，對男性和女性在敘薪上的處理有重大影響。女性工作者通常會捨棄優渥的薪酬以換取彈性工時，通常是因為家庭因素的考量（這個負擔落在女性身上的分量往往比男性吃重）。她提醒我，許多女性因為沒能在職涯早期積極爭取較高的薪資，因而要耗費多年努力追上。

「我們可以當實行薪酬平等的領導者，也可以當追隨者，」辛蒂說出結論，「不過，這個議題只會愈來愈嚴重。它不會自動消失。」她又補了一句，「我們不是甘願做追隨者的公司。」

辛蒂和蕾拉不是專門為了讓我不愉快而來到我家的。她們有一項提議：為什麼不做一次稽核，來個總體檢，看看男女的薪酬是否平等？我相信資料能證實一切，於是立刻同意對Salesforce當時全體1萬7000名員工

實施薪酬檢討。

「讓我們從上到下實施，」我說，「一次一個人。」

有那麼一刻，辛蒂看起來鬆一口氣。接著，我看到她的神色浮現一絲擔憂。她告訴我，在我們繼續往下談之前，她希望確保這項審核不會只是虛晃一招。她說，「我們進行評估，把一切掀開來看，結果看到事關重大利益，千萬碰不得，於是把一切原封不動又蓋起來。」絕對不能發生這種事。換句話說，她要我承諾會根據結果採取行動，無論要付出多少代價。而我能向她保證，如果發現薪資有差距，我們會弭平落差，而且是立刻去做嗎？

「我當然同意。」我說。

「那麼，你知道這會讓你付出多少成本，對嗎？」

聽到這句話，我承認我的腦筋開始像公開上市公司的執行長一樣轉動：如果她們是對的，會怎麼樣？這一筆開銷會是1000萬美元？還是5000萬美元？

「這會花我多少錢？」我問道。

「這個嘛，我不知道。」辛蒂答道。

我一向以為我在性別平等上比大部分男性科技主管還要進步。現在，我眼前就有一個機會可以證明這點。

「好，我同意，」我說。「我們就去做吧！」

## 數據與擴音器

第2章曾談到我在印第安納州LGBTQ歧視事件裡採取非常公開的反對立場，而後來我又在喬治亞州、北卡羅萊納州對抗同樣惡質的法案，也就是要求跨性別人士根據出生時的性別使用公廁。我一向把所有「不平等」議題都歸在同一個籃子裡。但是與辛蒂和蕾拉談話時，我開始體認到，性別歧視這頭怪獸不一樣。薪資差距不是某項國會通過的法案所造成的結果。薪酬平等不是大部分政治人物會在選民團結大會上談論的議題。這個議題找不到單一一個敵人去正面對戰，迎頭痛擊，也沒有放諸四海皆準的簡單解決方案可以倡議。

這是個為害劇烈而影響深遠的問題，隨時隨地都在關起門來做決策的會議室裡（決策者通常是男性）靜靜的蔓延開展。那就是為什麼爭取性別平等所需要的，遠超過在印第安納州事件裡奏效的那些直截了當的工具。這場戰役需要的不光是我的發聲，然後靠推特這個擴音器放大我的音量，它需要的是挖掘數據、傾聽人群、問一些令人坐立難安的問題，並檢視無意識的行為。稍有做不到位，就像是拿一把奶油刀進行腦部手術，而不是用手術刀。

四月末，就在稽核工作展開之時，為了透明起見，

我決定發一封電子郵件給全體員工：「我一直與辛蒂·羅賓斯、蕾拉·賽卡還有領導團隊裡的其他成員共同努力，確保Salesforce的男性與女性都能得到機會平等、薪酬平等的待遇，」我寫道。「我們現在展開的是一項為期數年的專案，不過這對我們公司與身處的產業來說，都是重要而值得付出努力。」

此時我仍然相信，關於這個議題，我下一封發給全體員工的電子郵件會是勝利的宣告，宣布我們確定在Salesforce全公司上下，男性與女性員工都是同工同酬。

遺憾的是，事情不是這樣發展。

與此同時，我們成立一支跨部門團隊負責薪資評估工作，並與外部專家建構一套方法，根據決定薪資的客觀因素（例如職務、層級和地點）來分析整體員工。這項評估把員工分成角色相當的群組，分析群組的薪酬，找出全球不同性別的薪酬是否有無法解釋的差異。

幾個月後，報告出爐了，結果鐵證如山，Salesforce確實存在薪資差距。此外，這不是少數辦公室裡的零星個案。鮮明的差距散布在全公司每個事業單位、每個部門和每個地區。也就是說，這個病毒無所不在。

我忍不住垂頭喪氣。我覺得失望，而且說真的，也有一種挨了一記耳光的感覺。這些問題就近在家門前，我卻沒看清楚，甚至任它們在我眼皮子底下發展。那一

天，我通知董事會和經營管理團隊，Salesforce很快就會增加一些支出，因為我很想信守我對辛蒂的承諾。

總之，我們發現，薪資需要調整的員工有6%，其中大部分是女性，但也有部分是男性。我們不想讓任何人減薪，所以我們調升薪資。其中美國員工的薪資調整，總成本大約是300萬美元：金額低於我原來害怕的數字。那不是一筆小數目，但由於這是極為適當和必要的作為，看起來還算相當划算。

————

在那之後的幾個月，我開始到處談薪酬平等，從女演員派翠西雅・艾奎特在洛杉磯家中的晚宴，到東京的創新高峰會，再到白宮。所以，當辛蒂再度來找我時，你可以想像我的驚訝 —— 說真的，還有羞愧。

我們進行第一次稽核並花費300萬美元修正薪酬一年後，我們又跑了一次數字。結果，我們還需要再花300萬美元，調整從上次稽核以來獎酬出現異常的員工薪酬。「怎麼會這樣？」我問辛蒂和經營管理團隊。

這些數字多半是成長的結果，得知這點讓我有些寬慰。我們最近在買下二十幾家公司後，規模大約成長17%，而在這個過程裡，我們不只承接它們的科技，還

有它們的薪酬慣例和文化。因此，以性別、人種和族裔來看，薪酬過低的員工占比實際上從一年前的6%增加到11%。

體認到它可能會變成一個一再重現的問題，我們決定採取更嚴格的措施。我們制定一套新的工作規定和標準，適用於每家新整合的公司，確保每個人從第一天開始就同工同酬。從那時起，辛蒂的團隊也開始檢討因功加薪、獎金、配股和升遷等制度，以根除其中的不平等。

這些政策要經過一些調整才變得適當，但是它們最終成為Salesforce園地的一部分。2018年，辛蒂和我上電視節目〈60分鐘〉（*60 Minutes*）一個單元的通告，接受萊思莉·史塔爾（Lesley Stahl）的專訪，談性別薪酬平等計畫。我希望這個單元能鼓勵其他執行長，檢視自家公司的薪酬制度。我們也談到，就像今日企業裡的大部分事務一樣，在現實世界，平等是個移動標靶，我們都知道我們根本還談不上大功告成。

一個明顯的例子就是在2018年初，我與我們的金融服務銷售團隊一起到摩根大通（JPMorgan Chase）進行業務拜會時的情況。按照往例，我應該不會隨同出席這場會議，不過那一晚我剛好要出席一場由摩根大通執行長傑米·戴蒙做東的晚宴，於是我決定當個跟班。我和團隊主管史提夫·莫洛斯基（Steve Moroski）一道走路去

會議的會場：從我們位於布萊恩特公園的Salesforce紐約大樓到市中心的摩根大通總部，快走大約15分鐘就能到達。我們在公園大道的摩根大通大樓外的熱狗攤順手買了油炸鷹嘴豆餅當點心，在吃的時候，史提夫對著我演練他的提案，說明如何把Salesforce的科技融入摩根大通的消費銀行網路。他的簡報做得好極了，我很滿意他的規畫。

但是，等到我們坐在桃花心木會議長桌邊時，我的熱情很快變成警鈴，還有失望。Salesforce派出來做簡報的銷售人員全部都是男性。在會後，我立刻塞給史提夫一張文字簡潔的紙條：「你為什麼沒有任何女性銷售人員？」接著，我就動身前往晚宴。

在接到他後來戲稱為我給他的「愛的紙條」之後，史提夫立刻告訴他那個快速擴張的團隊，他們未來在挑選成員時，做法要有些改變：「我們雇用最好的人，而**她**就在那裡。」自從那時起，我注意到，在大型銀行和證券公司的銷售簡報會上，史提夫經常指派女性業務人員擔任主講。我從檢視數據（我最喜歡的評估方法）得知，他那個由65名業務人員組成的企業銀行團隊，女性占比從16%上升到37%。現在，他有三分之一的領導者是女性，而原來是零。

他對他團隊的評語反映我們平等方針的一個要點。

我不認為我們應該只為了達成某個配額而雇用任何來應徵的女性。但是我確實堅持，多花點功夫，尋找那些條件優越、我們相信最適合該職務的女性候選人，並在召募過程中努力排除無意識的偏見。

薪酬平等不是一個容易的過程，成本也不低廉：在第三次薪酬評估後，我們總共花費870萬美元處理性別、人種和族裔所造成的薪酬差距。我們的投入已經開始從無數的管道獲得報酬，其中的利益會持續多年。我們對平等所做的努力，讓我們榮登《財星》最佳就業企業榜的第一名，還連續兩年蟬聯《人物》（*People*）雜誌「關懷企業」（Companies That Care）榜的榜首。這也讓我們更能夠吸引到全國最頂尖而出色的人才，尤其是我們有許多競爭者沒能開發的無數女性人才。例如，莫洛斯基就曾告訴我，他的銀行團隊雇用的女性人數一旦達到20%，女性業務人員的召募就開始起飛。「我們接通了一個新網路，女性想要來Salesforce工作。」他解釋道。

這一切都在告訴我，兼容並蓄並不是一個同質的龐大集合體。平等之爭是許多次戰役不同面向的集合，每一次戰役都表彰獨特的挑戰，需要獨特的解方。能有效解決某個問題的手段，換一個問題可能毫無用武之地。要摸索出路，有賴企業內部的每個人都必須能夠體認自己的盲點，並有足夠的彈性嘗試新的解決方案。

## 未竟之業

　　2018年初，我注意到辦公室裡有幾位女士，還有兩位男士，在讀艾蜜莉·張（Emily Chang，中文名「張秀春」）的《男人烏托邦：打破矽谷男孩俱樂部》（*Brotopia: Breaking Up the Boys' Club of Silicon Valley*）。這本《紐約時報書評》稱之為「矽谷如何變成榮耀兄弟會的詳盡歷史」的記述報導，幫助我理解性騷擾的問題超越辦公室戀情和浴缸派對的範疇。它是一種癥狀（不過是嚴重的那一種），背後是一個更龐大、更系統化的問題，那就是一個願意容忍它的組織文化。

　　自從辛蒂和蕾拉在2015年走進我的辦公室，我對於公司文化如何以大大小小的方式助長不平等有許多心得。「無意識的偏見」是一個重要成因，遺憾的是，它是連心地善良的人也會一腳踩進去的一片沼澤。我有時候仍然會誤踏。

　　2017年3月，Salesforce總部活動期間，我主持一場會議，介紹我們的新產品概況。在場觀眾有記者、分析師和顧客，還有數千名透過現場直播觀看大會的觀眾。因為我們同時在歡慶Salesforce的18歲生日，所以我太太琳恩也一道前來。

　　會議裡有四位講者，全部都是Salesforce的高階主

管。前三位是男士，我一個一個點名他們上台，和他們握手並向他們道謝。可是，等到第四位講者（一位女士）上台致辭時，我擁抱了她一下。

在簡報會後，琳恩把我拉到一旁。「你沒有和男士們擁抱，為什麼要擁抱那位女士？」她說。「那是在矮化她；他們全都是專業人士。」

當然，她是對的。我對女性主管有不同的對待，而一直到那一刻之前，我完全沒有意識到這點。

我開始明白，無意識的偏見會以各種方式出現，尤其是像科技業這種過去以來多半都由男性主宰的產業。「平等典範」（Paradigm for Parity）是一個由位高權重商業領袖組成的組織，目標是在2030年之前實現工作場所完全的性別平等。它的共同主席、也是前杜邦執行長艾倫‧庫爾曼（Ellen Kullman）曾經指出一件既令人振奮、同時也相當艱鉅（對我而言是如此）的事。她說，既然男性在企業界握有大部分的領導職位，在維護女性、指導女性方面，他們就扮演關鍵角色。「除非你把場地整平，」艾倫說，「否則你還是會得到同樣的結果。」

我一向對帶人這件事感到安之若素，因此我熱烈鼓勵辛蒂試行一項指導計畫，目標對象是公司裡的高潛力女性。可是，回饋意見顯示，大家的反應出乎意料。女性雖然肯定這項投資，卻不想參加專屬於女性的計畫。

這讓她們感覺自己特別被點名（不是好事），彷彿她們是需要被「矯正」的一群。她們說得有理。這些明日新星希望接受指導的高潛力員工群組，裡頭有男性也有女性。於是，我們據此做出調整，今日我們的科技部門和業務部門都有「男女混合」計畫。

這些失誤讓我學會，我必須對自己與女性員工的互動方式有更高的自覺，即使我想要幫忙、表現得更包容也一樣。因為我是一個在男性主導的行業裡出人頭地的男性，我們容易受到許多隱微的認知和預期所影響；那些是男性只會套用在女性身上的認知和預期，而或多或少也是女性對權力在握的男性所做的投射。

由於體認到我不會是唯一一個有失誤的人，我決定我們需要採取措施，預先防範無意識的偏見，並提供所有員工（包括高層領導者）在工作人力中促進包容所需要的工具。於是，2016 年，我們在全世界的辦公室都推出「耕耘平等」（Cultivating Equality）工作坊。Trailhead 有一項網路學習課程，內容就是關於無意識的偏見，同時開放給一般大眾學習。我們也實施兼容並蓄的召募程序，目標是確保我們的候選人名單能反映我們的社區組成，以消除召募流程裡的偏見。

最後，要促進平等，領導者能做的最重要的事，就是放開心胸、誠實反躬自省、傾聽別人的心聲，而且絕

對不要因為放不下驕傲或防衛而不去改正。要避免以下三個錯誤：第一，絕對不要相信自己無所不知；第二，絕對不要拒絕追尋真相；第三，絕對不要斷言工作已經大功告成（無論你有多努力）。

關於平等，我還學到一件事。你實現進步的能力，與你向他人求助的意願有強烈的關聯。

## 牧羊人不生羊

2016年7月5日，沒有武裝的37歲黑人男子艾爾頓·史特林（Alton Sterling）在路易斯安那州的巴頓魯治市（Barton Rouge）被兩名白人警察近距離射殺身亡。第二天，另一名32歲黑人男子費藍多·卡斯提爾（Philando Castile）開車行經明尼蘇達州法康高地（Falcon Heights）時被攔到路邊，在他的女友與4歲的女兒面前被一名白人警官射殺。遺憾的是，這兩件以悲劇收場的意外事件，都不是第一次有無辜的黑人男性被白人警官殺害，也不會是最後一次。這兩件刑案發生的時間間隔不超過48小時（兩宗案件裡的警官，一個被判無罪，另一個沒有被起訴），引發各方的憤怒、和平示威和暴力抗議，讓美國的種族不公不義變成大家最關心的議題。

那週稍晚，我們總部大廳的螢幕打出和平訊息，那

是引用自金恩博士的兩句話，而我們也發送電子郵件提醒員工，他們可以尋求法律扶助服務。我很高興我們做了那些事，但是我知道這些遠遠不夠。

7月9日在巴頓魯治市的示威抗議活動裡，「黑人的命也是命」（Black Lives Matter）社運人士德雷伊·麥克森（DeRay Mckeson）跪地被捕，照片在網路上瘋狂流傳。他身穿的T恤，正面印有「#STAYWOKE」（保持清醒）字樣，加上黑色版推特小鳥標誌。我一直很敬仰推特的非裔美國人員工資源團體，他們稱之為「黑鳥」（Black Birds），這個團體相當於我們公司的「BOLDforce」。於是，我在第二天發布推文。「沒錯，那是一個@Twitter @Blackbirds標誌，」我寫道。「看到科技成為社會變革的利器，感覺很神奇。致敬。」

我大約花了15秒才發現，我犯了一個大錯。回覆如潮水般湧進，除了打臉我的虛偽，還有更嚴重的指責。在一般人的觀感裡，像我這樣一個在雇用黑人不及格的產業裡當執行長的人，無權利用一個旨在打擊種族主義的運動包裝自己。而我讚揚科技是社會變革利器的評論，誠如許多人正確的指教，在那個當下完全是缺乏常識的行為。

有一則特別具殺傷力的評論，只有三個統計數字：

臉書的黑人：2%

推特的黑人：2%

Salesforce的黑人：2%

　　這則批評絕對公允。黑人員工大約只占我們美國工作人力的2%，而拉丁美洲人不到4%。這與我們生活和工作的社區人口組成幾乎完全脫節。

　　「一個人看到一個黑人男性因為抗議另一個黑人男性被錯殺而遭拘捕的照片，反應是『嘿，看看那個推特標誌』，這種事要是發生在其他地方，都會令人難以置信。但是在科技業很正常。」Slack資深工程師、包容計畫（Project Include）創始成員艾麗卡・喬伊・貝克（Erica Joy Baker）告訴《衛報》（*Guardian*）。

　　這個經驗令人難受無比。我對這則推文幾乎所有的評論者逐一道歉，但是我煩亂不安到極點。即使只有那麼一剎那，我怎麼會認為這是聲援種族正義的合理方式？我犯的錯是在我應該整頓自家門戶時，卻拿起大聲公伸張公理。

　　在這個難堪的時刻，我知道是一個徵兆。講到Salesforce的種族平等和包容，我們顯然需要重大改革。但是，我不知道要從哪裡著手。於是，我去找莫莉・福特（Molly Ford），她是我們公關團隊裡坦誠而可以信

任的成員。我請教她：「身為在Salesforce工作的黑人女性，妳有何感受？」

她告訴我，她覺得很寂寞。這裡的非白人很少，可以作為模範的非白人領導者甚至更少。她也說，她不相信Salesforce已經盡足夠努力去幫助他人了解弱勢的少數族群的掙扎。莫莉對我引用一句古諺：「牧羊人不生羊。羊才會生羊。」意思是如果我們真的想要成為一個友好接納眾人的地方，就必須提升成員的族裔多元性，我們必須給弱勢群體的員工一個更好的管道，討論影響他們的議題。我們必須重新開始，再次檢視自己。要做到這點，我需要幫助。我請莫莉在工作上暫時告假，協助我處理這個議題，而她同意了。

在Salesforce一年一度於夏威夷舉行的主管年中會議，我們成立文化小組。一名主管問道，公司對於達成多元性有多認真？這一次，我沒等別人回答，率先堅決說道：「平等是我們前進的優先要務。平等現在是核心價值。」

為了支持平等，不管任何事，我都盡力去做。那表示我們要加速促進性別平等、LGBTQ平等、種族平等和薪酬平等。由於前路漫漫，我決定是時候雇用專人領導公司全部的平等方案。我想起我的朋友東尼・波菲特（Tony Prophet），我認識他時，他在灣區的惠普任職高階

經理人。在那之後，他轉到微軟擔任行銷主管，在微軟推動BlackLight，這是該公司的黑人賦權平台。

由於他在平等議題上的努力令我們折服，加上他的科技背景，我們延請他擔任Salesforce的平等長這個新職位。東尼直接對我報告，這點很重要，他的新部門在公司內部、在我們的利害關係人之間倡議和擁護平等時，要能得到他需要的所有資源和支援。

過去幾年，我們與人力發展和教育機構建立合作伙伴關係，例如「大學之路」（College Track），它致力於幫助資源不足社區的學生完成大學學業。我們也和大學校園組織以及非營利機構合作，像是「明日管理領導力」（Management Leadership for Tomorrow，MLT），它提供非裔、拉丁裔和原住民美國人技能培訓、輔導和人脈，在職場上出人頭地。

我們也致力於弭平機會落差：透過捐款或是奉獻員工時間給資源不足的地方學校，還有與Code.org、Coder-Dojo、Hidden Genius Project和Mission Bit等組織合作，以拓展學校在電腦科學的接觸和參與，為遇到成功障礙的年輕人打開一條路，通往有意義的職涯。我們與非營利組織PepUp Tech合作，這是一群Salesforce開拓者所建立的非營利組織，讓生活匱乏的學生可以取得在科技業展開職涯的技能和指導。我們也和Year Up等組織結盟，提

供年輕人炙手可熱的就業工作技能、經驗和支援。我們在2014年導入的Futureforce全球徵才計畫，著眼於吸引多元的人才進入Salesforce，其中包括大學畢業生和城市青年，還有退伍軍人與他們的配偶。在過去這些年來，Futureforce在美國召募的新血，有43%是女性或弱勢的少數族群。

講到平等，我們在Salesforce的終極目標，聽起來簡單到不真實：我們全球每個辦公室的組成，都要與它們服務的社區人口組成相近。不過，我不只是要求人力資源部門扛下這個任務，平等事務處每個月都會向公司每位資深主管彙報他們聘用、開除或請辭的員工，以及其中有多少人是女性和弱勢的少數群體。

一如我說過的，數據就在那裡，數據不會說謊。我們持續密切追蹤數據，而每一年，我們都會進行新的分析，找出缺乏多元性的領域、挖掘並弭平薪酬落差，同時找出與召募、晉升和留任相關的問題。我們的策略隨著我們的分析結果前進。

我發的那則Black Birds推文實在是缺乏敏感度，於是我把它刪掉了。不過，以結果而論，我對它所引發的抨擊聲浪覺得感激。這個事件提醒我，領導者言行一致是多麼重要。你愛發表多少富有同理心的陳述，都隨你高興，但是除非你找到方法為非白人開門，為他們打造

一個友好的環境，否則你永遠無法創造長久的改變。我們還有好長的路要走，但是我知道我們永遠不會停止努力，為打造一個更熱血、更有創意、更多元的文化。

————————

2018年的世界經濟論壇，我的共同執行長啟斯遇到寶僑家品集團北美地區總裁凱洛琳‧泰絲塔（Carolyn Tastad）。如果說世界上有開拓者，凱洛琳就是商業界女性的強勁維權者。會議結束時，啟斯從寶僑家品的達沃斯特展資料裡，更理解職場限制女性發展的議題。回程時，啟斯也邀請她來舊金山Salesforce總部一遊。

凱洛琳當時的重點任務，是再次刺激這家消費品巨人在北美達到300億美元營收成長，很自然的，我們想要幫助她達成這個目標。啟斯借助在Salesforce負責零售與民生消費用品業務的資深主管艾瑞克‧艾肯－史樂特斯（Eric Eyken-Sluyters），研擬出一項創新解決方案，能夠幫助寶僑家品建立更完善的通路，包括從沃爾瑪到鄰家的便利商店等等。在與凱洛琳的這場重要會議召開的前一晚，啟斯與艾瑞克和他的團隊開會時，發現一個嚴重的問題。

還是那個老問題，銷售團隊裡沒有一位女性。

「艾瑞克，真的假的？」啟斯記得他這麼問。就在這時，艾瑞克才吐露一則壞消息，那就是他團隊裡接受指派參加這個案子的女性，前來舊金山時遇到班機延誤。

寶僑家品和Salesforce經理人在第二天碰面之前，啟斯請我們的開拓者行銷主管克莉絲蒂娜‧瓊斯（Cristina Jones）出席會議。他改變性別比例的目的並非只是為了讓場面好看，而是邀請一位聰明、經驗豐富的成員加入，為這場與寶僑家品總裁的會議增添價值。

艾瑞克發表一場引人入勝的簡報，說明我們如何利用數據改善店內零售的執行。但是啟斯知道，光是靠現成的實務經驗，還無法讓我們爭取到凱洛琳的生意。我們也必須展現兩家公司在價值觀上彼此契合。在簡報一開始，他對她講述Salesforce以價值觀為基礎的文化，娓娓談到Salesforce開拓者社群，還有我們把平等列為公司的優先要務，並為此所做的努力。簡報進入尾聲時，在場的每個人都清楚知道，這個討論讓凱洛琳留下深刻的印象。「她提高對我們品牌的評價，」艾瑞克後來對我這麼說。

不久後，寶僑家品與我們簽了一項重大的數據分析專案。再一次，讓我們爭取到寶貴業務的主要功臣（如果不是最大功臣的話），正是我們的四個核心價值觀。

———————

在本書第一部，我描述一些事件，它們讓我不得不退一步，深思我的公司以及商業世界更廣大的未來。在幾個多采多姿的年頭，我面臨一連串不曾預料到的挑戰。摸索這些挑戰時，我從中學到一些深具轉化力量的課題，而我原本以為我知道Salesforce為什麼是一家成功的企業，也知道我應該如何領導它，但是這些課題顛覆我的想法。首先，我們所打造的文化，以及作為文化底蘊的核心價值觀，並不是我們過去二十多年成功的配角。事實上，它們才是汽車引擎蓋下的那顆萬能引擎，驅動著每一件事。我一打開引擎蓋就可以清楚看到，我們的四個核心價值觀不僅各自以其獨具特色的方式創造價值，它們也彼此交織。它們共同運作，創造出動能，讓我們的飛輪不斷轉動。

例如，要建立信任，就需要建立永遠以顧客至上的文化，選擇能改善世界的那條路，而不只是選擇獲利。它需要雇用真心關懷同事、顧客和廣大社區的人，而要達成這點，最好的方法是擁有一支多元、兼容、平等的工作人力。你需要這樣的根基，才能在公司內部、以及我們所居住這個星球的每個地方，挺身維護他人的權利。

我們現在也知道，公司要吸引並留任女性和少數族

群，不但要在價值觀宣言裡體現平等，也要在行動裡落實平等，包括檢討、改善召募制度、留任制度、員工升遷以至最終擔任領導職位的晉升制度。簡單說，人們想要在值得信任雇主的公司工作，雇主應為他們創造一個安全園地並在其中工作，對他們公平支付薪酬，給他們所有人同樣的機會發展，無論他們的性別、種族、膚色或其他條件如何。如果你的公司沒有把這些列為優先事項，為什麼會有女性（或任何人）想要在那裡工作？

重點是，從商業角度來看，建立一支多元化的工作人力是明智之舉。在這個瞬息萬變的數位時代，成功需要一個有利於不斷創新的生態系統。不管怎麼說，多元性都是必要條件。如果公司裡每個人的看法和想法都一樣，你能想像要如何推動創新和變革嗎？那樣無法孕育出幫助顧客成功所需要的創意解決方案。

無論你是經營一家公司、領導一個小組，又或者你還不是、但立志成為管理者或領導者，要成功都需要你放大視野看世界，同時也需要著眼於你身處其中的組織。你正要踏進的邊境，沒有地圖。你必須尋找可以幫助你開路進入那個陌生疆域的人。

價值觀就是這麼一回事：你必須用文字定義價值觀，但是如果文字不能化為一致的行為，就無法創造真實的價值。與其選擇性或間歇性的應用價值，或是為了

回應危機而倉促拼湊，不如讓價值觀成為文化的磐石，如此更為明智而且可長可久。

這一切聽起來或許像是處在一片地雷區，但是我堅信在未來，要完整展現企業的永續價值，平等就是那把鑰匙。這並不是容易做到的事。但是，不去嘗試的企業，肯定就會在歷史上站錯邊。

## 第 2 部

企業是改變世界
最好的平台

# 知識共享

每當我公開露面（常有的事），我很少認為自己是Salesforce的執行長（CEO）。說真的，我覺得自己更像「答問長」（Chief Answerer of Questions, CAQ）。

當你公開宣布想要創立一種不同的企業（以我們的例子來說，是一家追求行善與績效並重的企業），大家一定會很好奇。他們想知道你要怎麼營運、什麼讓你夜裡輾轉難眠，還有各方面的進展如何。無論是參加宴會、研討會或慈善活動，而以我來說，就連金州勇士隊比賽的中場時間，都會有人攔路問我問題。

將近20年下來，這些問題的本質也有劇烈的轉變。推崇我們商業模式的人，提問是因為想要仿效我們。但也有些提問者毫不遮掩他們的質疑，顯然是為了刺探弱點是否已現端倪。隨著Salesforce在市場上站穩，得到愈

來愈多的公眾關注，大家問我們的問題也變得和實務有關，像是我們如何創新、召募人才，或是決定要支持哪一家慈善機構等。不過，最近有一個問題開始被凸顯出來：

「請談談你們的**文化**。」

「文化」已經變成企業辭海裡最熱門的詞條，不只在美國，在全世界各地都是如此。然而，在我看來，這個詞彙經常的用法，一直都大有問題。有些企業領導者把文化寄託於一本光鮮亮麗的小冊子，封面照片裡是一群經過精挑細選的人，面帶微笑，聚集在一間設備齊全的辦公室裡。還有些企業領導者似乎認為他們已經靠著供應美食、設置乒乓球桌培養出一種文化。

真相是，文化這件事遠遠超越福利和免費贈品。文化的核心關乎你如何定義和表達你的價值觀。

大家愈來愈想要在與自己有共同價值觀的企業工作。我們現在的工作人力有超過一半是千禧世代員工，而他們會教導我們，他們對於工作的未來所抱持的信念是什麼。年輕世代的員工希望工作有更崇高的目標。他們想要確定自己的公司為改善世界貢獻心力。如果企業領導者認為這股潮流現在還難以確定方向，那就等著下一波世代進入職場。我相信他們的使命導向程度會增強兩、三倍。

達成員工這項要求的企業會體認到，這種文化必須真誠無偽。一套可供任何人用以奠定文化的現成通則，已經不復存在。文化必須像指紋一樣獨特、具有辨識度。

Salesforce 自創立之初就形成我們的文化圖騰，這個文化圖騰相當基本，主要就是致力於參與企業圍牆之外的世界。Salesforce 的員工想要幫助社區；他們想要平衡的生活；他們想要幫助他人成長；他們想要讓顧客和公司成功。

然而，從決心建立在雲端營運的軟體事業，到 2018 年決定全力支持解決舊金山街友這項迫切議題的公投案，我們經常發現自己身在一座孤島。

有些人對我們翻白眼，他們認定我們只是打道德牌，想要吸引眾人的目光。有些人說，要是我們沒有創下季營收新高紀錄，我們才不會這麼大膽。不過，在我們公司內部，那些質疑的觀點沒有影響我們的想法。

要擴張規模並長時間持盈保泰，你不需要各種奇特的價值，你只需要優質的價值觀。這是假裝不來的。虛假、模仿、冷淡或偏頗的文化，終究會讓你沉沒。以信任之類的根本原則為基礎、以行善企業為目標的真誠文化，就已經非常足夠，但前提是它能真正優先於增進營收、成長和獲利等傳統的企業動機。

回想我們成立 Salesforce 之初，當時還很少企業以文

化為念。我們不只是比別人早起步，我們還提早20年展開一個嘗試的過程。

在第一部，我已經告訴你那段旅程有多麼艱辛和混亂，但是也有充實的滿足感；我也嘗試讓你窺見，你一開始對文化有自己的想像，而那個文化又是如何變成一個活生生、會呼吸、不斷演變的有機體。還有，身為領導者的你，是否要隨著文化而演變，這點操之在你。選擇要實踐哪些價值觀還算容易解決，要在實務裡落實價值觀，則需要特別付出關注和毅力。

管理大師彼得・杜拉克（Peter Drucker）曾經提出一條簡單原則，我一直銘記在心：「文化把策略當早餐吃掉了。」根據我在Salesforce的經驗，文化會吃掉所有的東西。

我們多年來所部署的每一道商業戰術、所編寫的每一行程式碼、所構思的每一項行銷活動，到最後都會在轉瞬間消逝，無法長存。當我們周遭的世界改變，所有事物隨時都可能會被摒棄或取代。真正能讓我們前進的動力，是我們的文化有能力隨著變遷步調而演變，能夠自己存活和呼吸，在熟悉的環境中不失去動力。企業若想在未來繁榮茁壯，文化（以及定義文化的價值觀）將是財務成功的驅動力。

今日的世界充斥著嚴峻的經濟、社會和政治議題，

企業不再能置身事外，繼續照常做生意。當你變得愈大，影響的人愈多，你就愈難只用產品來定義自己。隨著時間過去，你的員工和顧客，更不用說投資人、合作伙伴、在地社區和其他利害關係人，都會想知道你經營事業的理念。他們更想要知道，你有沒有**靈魂**？

我們也曾歷經兩項或更多項價值觀公然嚴重衝突的時候，但是我們已經習慣了。無可避免的，這些難受的時刻一定會到來。如果你有強韌的文化就能安然度過。事實上，這些衝突時刻甚至可能讓你更強韌。以我們來說，事後證明這些情況總是會出人意料的化為一種撫慰。它們會提醒我們，我們真正的身分是什麼。

在舊商業世界，專屬知識是武器。對外分享你最深入的見解，等於是拿槍口對著自己，因為分享知識只會讓你的敵人更強大。面對刺探性的問題，執行長都是實問虛答的高手。我想我大可以藏私，但是我從來沒有那樣想過。當你身在一個發揮信任和透明度功能的環境，要如何打造一堵隔音牆，把世界關在外面？這是我無法想像的事。

如果說Salesforce教會我什麼，那就是建立一個社群，對所有人張開雙臂，與所有人分享我們的價值觀，並藉此自我成長，其中蘊藏著何等的力量。我們公司的每個人都相信自己肩負著更大的責任，而且也握有發言

權，擁有可用的工具可以扮演一名開拓者。

換句話說，知識唯有經過分享，才會真正有力量。

因此，身為Salesforce的問答長，我一定會回答你們的問題。我會告訴你，我認為未來的企業會是什麼樣貌；我會給你指引式的建議，讓你打造自己的未來企業。那就是本書第二部的目的：我想要帶你展開一趟旅程，看看我們開拓者精神的文化如何由內而外發揮功能。

# 07

# 歐哈那

## 重新定義企業文化

我一向具有顛覆精神和創業家思維，我深信自己是天生如此。其實，創立公司、製造優良的產品、獲利、成長和創新，是許許多多人內在的本能。這完全是人類天生自然的雄心壯志。問題在於：講到定義企業文化，這些創業的衝動可能是糟糕的指引。它們多半仰賴外部力量，例如經濟、競爭和人才庫，而這些都不是你能夠完全掌控的。如果你以那些優先事項作為指引就會犯錯，一如我在早期的經歷。

　　你真正需要的是以一套原則作為指引，以定義你打造心目中理想企業的原因和方法。畢竟，一家企業基本上是由一群為了共同使命而群策群力的人所組成，而不是物品。你們實現使命的方式，是你們所創造文化的直接副產品。

　　多夫・錫德曼（Dov Seidman）是我所知在商業與道德這個主題上最睿智的人之一，他也是《如何：為什麼我們做任何事都意味著一切》（*How: Why HOW We Do Anything Means Everything*）一書的作者。他常說，文化是一種產物，「衍生自組織裡的人如何理解彼此、籌畫工作與自我管理的獨特方式」。

　　當然，他說得沒錯。企業文化不只是關乎在公司領薪水的人，或是與顧客共事的人。它會影響到所觸及的每一個人，即使是沒有直接相關的人，甚至包括那些

距離可能遙遠到你原來沒有打算要觸及的那些人。說到底，文化的定義並不是以你的員工和顧客為中心畫一個信任圈，而是盡可能擴大這個圈圈。

在此舉幾個例子。印第安納州立法通過歧視法案之前，我從來沒想到會遇到必須對社會議題表態的情況。一直到我們實施薪資審查之前，我也不知道薪酬不平等會成為必須處理的議題。還有，2018 年時，聯邦機關在美墨邊境拆散移民孩童和他們家人，而在那段期間，我們有些員工抱怨道，海關及邊境保衛局（Customs and Border Protection）用的是我們的軟體，一直到這個時候，我們才體認到行善的承諾必須延伸到檢視產品的用途。不過，在每一個事件裡，我們的價值觀都是為我們指點前路的羅盤。

我剛剛所說的，或許會讓你認為，文化不過是在遇到複雜議題時可供你摸索出路的工具。但是，事情沒這麼簡單。價值觀不是一套演算法，可以讓你編寫程式，明確指示你要用策略 A 或策略 B 來應付 C 問題。價值觀需要更為密切的關心以及更積極的維護。

因此，在某個程度上，我們的文化確實有個「祕密配方」，那就是我們親身實踐價值觀的方式，創造一種真正的歸屬感。我們為了打造一家偉大的公司而一起努力，一心一意合力回饋我們的社區，藉此在日積月累下

建立日益強健的關係。我們文化最重要的兩塊基石，就是我們對志工服務與回饋公眾的共同理念，還有服務顧客的共同使命。

就是因為那種共同的目標和意義感，Salesforce的文化才能體現夏威夷的「歐哈那」（Ohana）觀念。「歐哈那」的意思是「家人」，但是也可以用來描述大家族，甚至包括沒有血緣關係的人。我第一次知道「歐哈那」，是在童年與家人到夏威夷渡假時，那裡總是能讓我感覺快樂而寧靜。當我成為大人之後，歐哈那的意義變成是任何一群因責任、還有共同價值觀而彼此凝聚的人。那就是我一開始寄望於Salesforce的文化，那是一種能夠海納所有的人、為我們所做的每一件事奠定根基的文化。

———————

就像一個成長中的孩子，隨著企業的規模擴張與歷史演進，文化也需要不斷的培養。我認為這是我在Salesforce最重要的職責之一。

在Salesforce成立以來的20年間，隨著我們從一家新創事業一路成長為《財星》500大企業，我們採納無數新實務，有的隱微，有的明顯，為我們的文化注入生命

力。我們每天都必須謹慎孕育我們的文化，尤其是我們成長得如此快速。我相信，保護、培育我們文化的那份戒慎恐懼，是Salesforce能連續11年登上《財星》「百大最佳企業雇主」排行榜、不斷在全世界各地城市被譽為最佳工作地點的關鍵原因。

那並不表示我們沒有歷經生長痛。每個家庭都有起摩擦的時候，也會爆發令人心痛、激烈的爭執，就像我們有時候在Salesforce的歷經。但是我總是說，信任是必須放在第一位、最重要的一件事，而對許多人來說，最值得信任的人就是我們的家人。當然，我們都有對家人失望的時候，而我也知道不是每一個家庭都是我們想要創造的那種文化的模範，但是這是我所能想到最接近的類比。

有些一級主管認為，待員工有如家人，不利於成功。就以網飛（Netflix）執行長里德・哈斯廷斯（Reed Hastings）來說，大家都知道他用「一個團隊，而不是一個家庭」描述他的公司文化和管理哲學。事實上，在網飛那套觀看達數十萬人次、經常被其他經營管理者引用的簡報投影片裡，把這家企業比喻為一支職業運動隊伍，每個位置都有「明星」，而且它清楚表示，只要是表現低於「明星」水準的工作者，在這家公司裡就沒有未來。

我可以理解這個邏輯：高層的每個位置都要有明星球員，至於那些沒能為團隊奪冠並有所貢獻的球員，就交易或釋出。然而，我採取一套不同的方法，更近似我鍾愛的金州勇士隊總教頭史蒂夫・科爾（Steve Kerr）所培育的那種文化。儘管球隊兵符在握，但是史蒂夫相信，球隊有優質的**人**比只是有優質的籃球員更重要。他了解，球員來來去去，但是球場上的精神會從一場球賽、一個球季延續到另一場球賽和另一個球季。最好的球隊打起球來就像一個家庭，成員信任彼此會做自己的後盾。

　　誠然，歐哈那也有它的精神層面。我們的經營管理團隊有一次前往夏威夷科納（Kona）進行企業閉關靜修會。在長達三天的會議期間，他們要埋頭研究磨人的細節，為公司做徹底的總體檢，而在展開這一切之前，他們偶爾會先一起站在溫暖的湧浪裡，腳趾埋進熱沙，手牽手舉行傳統的祝福儀式。在我們眼中，歐哈那的意義遠遠不只是一場典禮或儀式。歐哈那的意義是我們怎麼對待最親近的親人，就要同等對待我們4萬名員工、將近15萬名顧客，以及數百萬會觸及到他們生活的人。

　　但是，這個文化不只存在於我們的辦公室。不管我身在何處，我都想要感受到它。當我信步在辦公室裡遊蕩時、當我拜會顧客時，甚至當我隔著數千哩的距離與

其他執行長會談時，我都想要感受到它。

例如，我最近拜會了嘉吉企業（Cargill）的執行長大衛・麥克里南（David MacLennan），嘉吉是全國最大的私人控股公司，總部在明尼阿波利斯。我們走出他的辦公室時，看到12個身穿「TRAILBLAZER」字樣T恤和帽T的人聚集在走廊，等著和我們拍照，我們都很訝異。

「這些是你的員工嗎？」大衛問我。

「不是，他們是你的員工，」我告訴他。「但是他們在這裡運用Salesforce的科技，所以他們已經成為我們這個大家庭的一份子。」他們是Salesforce開拓者，也是先鋒、創新者和終生學習者，他們鼓舞我們，是我們歐哈那的代表。

歐哈那也成為表達我們精神的詞彙，尤其是當我們不斷邀請愈來愈多新人加入我們這個已經頗具規模的大家庭。我們在過去兩年內增加1萬8000名新員工，目前還沒有停止的趨勢。所以，我們必須努力確保把我們的文化灌輸於所做的每一件事。當我們思考自己在社會議題上應該要採取什麼立場時，文化必須成為我們思維的引導。文化必須融入我們新產品的發想。文化也必須在我們每天的工作方式傳達出來，從新員工報到規畫、新工作空間的設計，到我們對回饋、健康、正念和幸福的重視，都必須如此。

## 歡迎來到 Salesforce 大家庭

第一天，我們歡迎新員工加入我們這個大家庭，也就是我們的歐哈那。

每位員工到職第一天，會領到 Salesforce 識別證、背包和電腦，一整個早上都參加新進人員講習。講習會談到我們是誰、我們在做什麼，還有登入企業系統的程序。我們會談到我們的價值觀和志工服務，談到公司會給每個員工一年七天的全薪假，自己挑選一家非營利機構從事志工活動。下午，我們會派他們去做社區服務，讓他們知道我們是說真的。這麼做也是為了讓他們與新同事創造一段值得回憶的體驗，並且讓我們的員工明白，價值觀不是某種抽象、高遠的觀念，或者更糟糕的，只是公司投影片或牌匾上的文字。我們想要讓他們了解，價值觀是有生命的價值，我們如何把回饋他人置於我們文化的核心。

一個月後，新進員工要參加「成為 Salesforce 人」（Becoming Salesforce）這個為期一天的啟動營，好更了解我們的文化，而高階主管會在營隊活動裡分享他們在公司的經驗、在步調快速的環境裡蓬勃發展的祕訣，還有我們產品的概況。那裡有個營地，可以讓大家熟悉各種員工資源團體、倫理講習訓練，當然還有像是 T 恤、貼

紙等Salesforce小物。

不過，同等重要的，是讓我們的現任員工歡迎新同事加入歐哈那。就像一個準備迎接新成員的家庭，Salesforce有一整套制度，確保新員工在踏進公司大門之前就感覺像回到家一樣。每位新進人員在他進入Salesforce的前90天，都有專屬「引路嚮導」，提供指引、支援和教導。在頭幾週，我們也會為每位新員工籌辦與同事的午餐和團隊會議。事實上，主管在新人講習中會挑選一位新員工，特別到公司外面一起吃一頓飯。我們發現，如果你從第一天就開始鞏固關係，關係會很快就變得強健。

## 「健康幸福營」

我曾經在甲骨文歷經工作過勞而放了一段離休假，因此我從親身感受知道，歐哈那的健康和幸福必須放在第一位。我也知道，員工和他們的家人若能感受到有人支持他們過更健康的生活，這對每一個人都好。健康的人會更敬業、更有生產力、更快樂，也更可能留在公司。他們更會以尊重、熱忱、感恩的心對待顧客和彼此。

當然，就像大部分公司，我們也補助健身俱樂部會員費，並提供冥想和瑜伽課程。但是，任何曾經在公

司使用這項福利的人都知道，單是提供這些課程不見得能產生效用。因此，就像我們運用數據分析薪資制度，我們也運用數據判斷要提供哪些課程，並評估課程的效能。人力資源團隊會定期檢討員工的健康給付申請項目，尋找任何可能浮現的問題。

當我們的員工人數跨過2萬5000人大關，我們看到與壓力相關的行為健康問題明顯增加，例如憂鬱、藥物濫用和焦慮。根據取自醫療保健給付的數據（當然是匿名和合計的），我們發現這些診斷的增加速度比諸如癌症、心臟疾病等健康問題還快速。畢竟，我們是一家在競爭劇烈的市場和產業裡快速成長的企業，而壓力增加與相關的行為是在歐哈那一些成員身上出現的副產品。

數據顯示，我們必須採取行動。資深人資主管裘蒂·科納（Jody Kohner）和史丹·鄧樂普（Stan Dunlap）諮詢過舊金山UCSF醫療中心的精神科教授金·彼得·諾曼（Kim Peter Norman）博士後，找出四個重要方法，因應升高的壓力與焦慮水準。第一個方法是「營養」（Nourish），提供資訊以幫助員工建立健康的飲食目標。第二是「復原」（Revive），以優質睡眠、休假和「離線」，為身體和心靈重新充電。第三是「運動」（Move），著重於身體的運動和活動，以維護健康的體魄。最後一個方法是「茁壯」（Thrive），提供有助於提

升心靈健康、管理壓力和培養復原力以度過人生挫折的工具。

這四大支柱成為我們稱之為「健康幸福營」（Camp B-Well）這項專案的根基。我們的行政主廚比爾·科貝特（Bill Corbett）錄製解說短片，任何員工都可以在線上觀賞或下載，學習如何烹調健康又營養的餐點，而我們也請到飲食運動推廣者、柏克萊地區的知名主廚愛麗絲·華特斯（Alice Waters），談論在地、有機飲食的益處。我們還延請知名的睡眠專家馬修·沃克（Matthew Walker），討論睡眠如何提升健康、學習和績效。

我們也要求每個員工在他們的「V2MOM」計畫裡加上一個健康目標（V2MOM是我們在Salesforce採用的目標設定流程，在第9章會有更多討論）。我們鼓勵員工在自己的Chatter檔案裡公布自己的目標和進度，讓歐哈那來幫助他們，成為他們的後盾。對我而言，看到我們的歐哈那有多少人把自己的健康作為努力的優先目標，我感到非常振奮。


## 每一層樓都有正念修練園地

我一向會向許多類型的專家尋求建議，幫助我成為更好的領導者，以及我們文化更好的承載者。那就是為

什麼我曾向鮑威爾將軍（Colin Powell）求助，幫助我把慈善活動融入企業經營；我也曾向MC Hammer*請教，幫助我們採取他那個成功的「街頭團隊」模式，用於建構Salesforce宣揚者群體。因此，當我需要有人幫忙，讓靜思冥想訓練深入Salesforce的文化時，我自然而然會去找越南的禪宗大師一行師父。我長久以來都在他的指導下練習正念，而在當時，由於一個不尋常的機緣，這位舉世推崇的精神領袖在30位法國梅村修道院僧侶的陪伴下，在我家休養六個月，從一次損傷元氣的中風裡復元。

有一天，我邀請那些僧侶來參觀Salesforce，我以為（或許是我想得太天真）他們會喜歡我們的工作狀況。結果他們告訴我，他們一點也不喜歡所看到的景象，這話讓我嚇一跳。我問為什麼，他們不以為然的表示，每個人隨時都在講話，隨時都在工作。「那就是我們在這裡做的事，」我說，「我們在工作。」

我的解釋沒有消除他們的不以為然，但是他們確實幫忙向我們介紹什麼是正念。其中一位僧侶，也就是培靈師兄（Brother Spirit），同意帶領一場7個小時的正念課。當這門課以破紀錄的時間秒殺「額滿」，在我（還

---

* 編注：史丹利‧柯克‧伯勒爾（Stanley Kirk Burrell），藝名M.C. Hammer，是美國的嘻哈歌手、演員與企業家。

有僧侶們）的眼中，這是我們的員工想要更多這類修練機會的明證。顯然，僅此一梯的7小時課程無法滿足大家。我們需要把靜思冥想更充分的融入日常文化。

當時，我們挹注大量資金在房地產，擴增我們舊金山總部的新辦公室空間，還在紐約和印第安納波利斯打造全新的大廈，這些都是因應我們成長所需。我向僧侶們請教，我應該做些什麼，才能讓員工覺得我們的新辦公室是一個更完善、更充滿正念能量的地方。

「你應該要有一整個樓層是安靜的。」他們說。

他們顯然是外行人，不懂這些城市裡的商業不動產，每平方英尺價格是什麼行情。我必須和他們討價還價一下。

「那麼在每一層樓都設一個正念練習區，怎麼樣？」我提出另一個想法。

他們表示認同。從現在起，我們在全世界每個地方的每個辦公室，在每層樓都設置（或很快會設置）一個小型的正念室，作為員工在需要按下「暫停鍵」的時候就可以閉關的安靜區。

我知道這聽起來可能非常「加州」，但是這不只是什麼新時代（New Age）的點子。正念已經是普遍的觀念，練習正念的人也享受到它的益處：不只是他們的健康，還有觀照力、專注力，以及隨之而來的工作表現。

就像《紐約時報》所報導的，一項「以科學方法徹底研究正念的靜思冥想」的新研究斷言，「不同於安慰劑，正念的靜思冥想可以改變一般人的大腦，並有可能改善他們的健康。」由此看來，提摩西・費里斯（Timothy Ferriss）在他的《人生勝利聖經：向100位世界強者學習健康、財富和人生智慧》（*Tools of Titans: The Tactics, Routines, and Habits of Billionaires, Icons, and World-Class Performers*）一書中，訪談超過200位高成就表演者、經理人和領導者，而他發現其中超過八成的人都有練習正念或靜思冥想的習慣（至於原因，第9章會有更多著墨），這點並非巧合。

## 有心理安全感的領導

去年，我們的領導力發展計畫邀請到休士頓大學研究教授、好幾本暢銷書的作者〔最新的一本是《召喚勇氣》（*Dare to Lead*）〕布芮妮・布朗（Brené Brown），與我們的50位高階資深經理人一起探討一種包含勇氣、示弱、同理心和連結的領導文化。我們在這半天裡的討論非常誠實，有時候甚至讓人如坐針氈：例如哪些行為對我們的價值觀有幫助，還有哪些行為會是破壞價值觀的威脅。在討論中出現的議題，有一項是害怕坦誠直

言，或是成為帶來壞消息的人。當這種恐懼滲進公司的文化，可能會導致嚴重的後果。它可能會侵蝕作為文化支柱的信任。公司或團隊要蓬勃發展，就需要多元的聲音，還有不怕展現真我、願意原原本本說出真相的人。

事實上，研究指出，創造一個有心理安全感的文化（也就是人們彼此信任，不怕說出心裡的話），能讓人更有智慧的承擔風險，更妥善的解決問題。

由於我們高度重視在Salesforce的創新生態系統，這樣的文化就變得十分重要。那就是為什麼我們的「員工成功」（人力資源）團隊要與全球知名的領導者、以及這個領域的專家合作，建議我們如何確保自己言行一致。像是寬容、操守和誠實等特質，不能變成只是經常掛在嘴邊的熱門詞彙。一家公司裡的每一個人都必須有足夠的安全感，並親身體驗它們。

那就是為什麼在開管理會議時，我們很重視要看到每個與會者都能自在表達自己的意見，即使是資歷最淺的人也一樣。這也是為什麼我們要籌畫一項研究，理解心理安全感的氛圍對於團隊決策、創新和銷售成果可能造成的影響，並規畫工作坊和發展計畫，幫助員工和團隊培養讓人自在直言所需要的信任。

我們也發現，如果我們保持透明，讓員工覺得自己能參與塑造公司的未來，就能提升心理安全感。那就是

為什麼我們會直播管理會議，而從資歷豐富的Salesforce資深員工到新進人員，所有人都可以提出問題、發表評論，並顯示在大螢幕上，讓主管都可以看到。

此外，由於我們知道每個家庭都不完美，包括我們的歐哈那，所以我們一年舉行兩次詳細的員工調查。我們詢問員工關於文化的問題，問他們是否覺得自己受到重視；我們也請他們就溝通、指示的明確程度、促進包容的工作環境，還有主管是否負責或諉過等特質，為他們的上司評分。我們會針對道德行為提出尖銳的問題。調查的答案是保密的，但是我們會公布總合評分，讓團隊可以檢視結果，並找出需要改進的領域。在員工考慮是否要換部門時，它也能作為實用的參考資料。

在最近的一次調查裡，我們納入更強烈的問題，像是他們是否覺得這裡的文化是要搞政治或是在背後中傷他人才能做事，或是是否覺得過勞或遭受霸凌。如果你不直接從困難的問題開刀，永遠聽不到直接的答案。除非你直接處理那些有爭議或具殺傷力的行為，否則永遠無法建立信任的文化。

關於心理安全感，沒有什麼比包容更重要，所以我們才要鼓勵員工加入平權團體（Equality Groups），這些友好團體為人們提供一個安全空間，根據身分認同的各種面向凝聚成員，從種族、性別認同、性取向到宗教等

都有。這已經成為我們文化的核心，今日我們有大約半數員工都參與平權團體，團體數也從原本的一個增加到兩年前的四個。

我們的平權團體之美，就在於它們能在人們最需要的時候，賦予他們為自己的群體暢所欲言的權能，同時提供一個論壇，邀請不同身分的盟友加入。當世界上發生會影響我們員工社群的事件時，成員就會成立平權圈（Equality Circles）讓人們在這個安全空間裡進行健康、有生產力和建設性的對話。如此一來，員工可以感受到他的心聲有人聽，而不是坐在桌前默默忍受煎熬，這有助於在整個公司培養知覺和同理心。

例如，2017年1月，川普政府在美墨邊境拆散家庭，我們有些員工就籌組平權圈。還有其他類似的事件，像在夏洛茨維爾（Charlottesville）發生白人至上主義者示威和暴力事件後，員工也聚集討論他們的感受和恐懼。

Faithforce是我們新近的平權團體當中成長最快速的，不到一年的時間就有1000名成員。這個團體由兩名員工在平等長東尼・波菲特的支持下創立。他告訴我，員工會舉行祕密禱告會，因為他們不確定公司是否准許；還有內容體驗總監蘇・沃恩可（Sue Warnke）向他透露，她是重生的基督徒[*]，但是她在辦公室時會因為顧慮

自己的信仰而把十字架項鍊塞進襯衫裡。

美國有超過一半的人說，信仰是他們身分認同的核心元素，無論是穆斯林、佛教、錫克教、猶太教、基督教、天主教或任何其他信仰，都是如此，而我們希望所有員工都能在工作時表現完全的真我。喬‧泰普洛（Joe Teplow）是我們去年收購的公司Reble的創辦人，他曾告訴我一個故事：有一次他在我們紐約大樓的一間正念室，就在他要吟誦一篇猶太祈禱文時，解決方案工程師約瑟夫‧阿巴西（Yousef Abbasi）剛好走進來，要進行他中午時段的穆斯林禱告，於是，喬挪出位子給他，而這兩個人就這樣肩並肩、各自用自己宗教的語言祈禱。聽到喬稱之為「拜Salesforce之力，宗教和諧的非凡時刻」，你可以想像得到，我當時真是自豪得不得了。

## 開心

我仍然認為Salesforce是一家敢拚肯衝、闢荒開路的新創事業。這是我們文化思維的一部分。確實，在寫作本書的此時，Salesforce已經跨過第二個10年，榮登CRM市場龍頭的地位，在全世界各地都有鑲著我們名字、雄

---

\*　　編注：指因信仰而歷經精神層面的重生、特別虔誠的信徒。

偉壯麗的辦公大樓。但是，我們沒有失去年輕企業的熱情和開拓精神，這些是我們賴以成長的動能。從許多方面來說，這種態度的表現就只是不要過於嚴肅。開心是實現公司精神的基本條件。

事實上，開心和玩樂是我們文化裡不可或缺的一部分，不只是因為它們讓Salesforce變成一個樂趣無窮的工作場所，也是因為它們能改善我們工作的方式。我們員工可能要長時間埋頭苦幹，努力達成我們的目標。有些消遣有助於減少壓力，重新凝聚專注力。這也有助於培養初心。就像達賴喇嘛所說的：「笑有益思考，因為人在笑的時候，更容易接納新的想法。」

那就是為什麼在走進Salesforce的辦公室時，你會看到我們的吉祥物Astro、柯弟熊（Codey the Bear），甚至還有一個迷人的愛因斯坦，全都是活生生的立體人偶，最適合一起自拍。在任何一家頂尖的商業軟體公司，這可不是尋常就能看到的風景。我們也用這些人物點綴我們的網站、名片和銷售資料。我記得IBM執行長吉妮‧羅梅蒂（Ginni Rometty）和我一起檢視我們兩家公司的合作案時，文件上有我們的吉祥物在國家公園的畫面。這幅歡樂景象顯然和嚴肅藍巨人<sup>*</sup>的世界不搭調。她不解的

---

*　編注：Salesforce企業商標是藍色的。

問道,「這些卡通是什麼?」我解釋說,我們的吉祥物代表我們的產品,國家公園的場景所傳達的是我們對家庭的奉獻,很多家庭都在國家公園度過美好的假期。吉妮的臉一亮,我看得出來,她懂。「我在成長過程中最快樂的回憶,就是到全家一起到國家公園旅遊。」

研究顯示,讓人快樂的不是物質,而是體驗,所以我們在最重要的城市一年舉辦總共將近5000次「官方」活動,次數和非正式聚會、晚餐一樣頻繁。這也是為什麼我會邀請魔術師大衛・布萊恩(David Blaine)參加最近一次在紐約市的晚宴(他吞了一個酒杯),還有我們為什麼會請優秀的藝術家,如馬友友、約翰・傳奇(John Legend)、賈奈兒・夢內(Janelle Monáe)、艾迪・維達(Eddie Vedder)和珠兒(Jewel)為顧客演出;在Dreamforce,我們也會邀請出色的藝術家來舉辦演唱會,最近曾邀請的包括艾莉西亞・凱斯(Alicia Keys)、嗆辣紅椒樂團(Red Hot Chili Peppers)、藍尼・克羅維茲(Lenny Kravitz)和金屬製品樂團(Metallica)。我們希望開拓者們擁有難以忘懷的體驗,和我們的歐哈那一起同樂。

## 全世界最棒的客廳

文化比智識更能發自肺腑，那就是為什麼我經常在問：「這感覺起來像Salesforce嗎？」

2015年夏天，當我第一次造訪我們在巴黎葛里亞（Octave Gréard）大道的新辦公室時，那個問題當然也在我心裡盤旋。那是一棟可以溯源至1925年的醒目建築，離艾菲爾鐵塔只有一個街廓。但是，當我踏進入口處時，感覺到有什麼不對勁。

這是一棟精緻優雅的新古典建築，大廳裡擺設一張夏威夷相思木桌。「這張桌子為什麼在這裡？」我問。「它擺在這裡顯得不尋常。」

「有人告訴我們，這是你想要的。」帶我參觀的團隊這麼回答。就在那個時候，我心裡暗叫，哇，我們有麻煩了。這是一個啟示。與其說我的反應是為了這項設計，不如說是因為有人認為光是在大廳擺設一塊夏威夷木頭，就能彰顯我們的文化！由於我們成長快速，手上還有其他問題要處理，所以我沒有停下來思考，人們每天去上班的辦公室，也就是我們工作的實體空間，是否反映了我們的文化？

等我回到舊金山，我在我們企業園區裡各棟建築物的各個樓層上上下下穿梭。我突然了解到，我們的辦

公室空間隨著這些年來驚人的成長而逐漸增加，這樣一路累積至今的結果，就是每個新增的部分反映的都是它當下的時期。我們看起來像是截然不同的公司；究竟是哪一家公司，就看你開的是哪一扇門。我們為員工和訪客創造的空間沒有一致性，更糟的是，它給人一種過於「公司」的感覺。我們就像是隨便一家不起眼的公司！

顯然，我們錯失一個重大機會，沒能創造一個更一致的品牌體驗與實體環境：那是當你踏進全世界任何一家Salesforce辦公室時都能傳達的文化識別。好消息是，重新設計我們的空間，賦予它全新的面貌，不但是對我們文化的頌讚，也是開啟我們團隊創意的機會。

在我一頭栽進這項龐大的計畫時，我有幸能得到伊莉莎白‧平克漢（Elizabeth Pinkham）的指引。伊莉莎白從Dreamforce創始時就負責它的籌備管理，因此她非常了解，如何在活動中體現我們的文化。現在，我打算請公司第51號員工的伊莉莎白為我們的工作空間做同樣的事。當時，我們正要啟用教會街350號一座30層樓的新辦公大樓〔我們把它命名為「Salesforce東塔」（Salesforce East）〕。這是試驗我們工作空間新設計的絕佳地點。

在這個過程裡，有兩個靈感觸動了我。第一個來自一則禪語：「空空如也的花園才是完整的花園。」另一個來自一句通常被認為是愛因斯坦說的話：「深入觀察

大自然，你會更理解所有事物。」

　　於是，我召喚初心，消除任何先入為主的觀念，抓住來自大自然的線索。我想像一個散發寧靜的辦公室，算不上是個禪修院，但是能把外面的世界引進建築內部，有自然光、真的植物、岩石、溫暖的色彩、自然原木，當然還有利於環境永續的材質。我想像地板鋪滿綠草，其間有石礫小徑，像是個城市公園，而所有書桌都有最好的採光和景觀。

　　在腦海中畫出一幅景象很容易，但是我很快就明白，要實現它有多麼複雜：挑選地毯、織品、家具設計、木紋、壁紙、塗料顏色、玻璃，還有許許多多的事要做。我們聯絡Burberry的一個創意團隊（Burberry也是Salesforce的客戶），去了解他們的設計理念為何，還有他們如何營造出活潑有生氣的店面。他們建議我們實地模擬，也就是打造一個「樣品屋」，所有東西都以真實尺寸陳設，看看它們所呈現的樣貌。於是，我們做了會議室的樣品屋，試了不同的地毯、家具和燈光，評估設計變化中所有的細微差異。回收漁網製成的地毯，讓人想起蔓生於碎石小徑的草，而到最後，大自然的感覺變成設計的核心。在整個過程中，我經常到樣品屋表達意見，建議怎麼樣才能讓這個空間更不像公司、更有居家感、差異化、與自然連結；換句話說，就是更符合

Salesforce風。

這項改裝讓人讚嘆不已，但是那種還是缺少什麼的感覺，仍然在我心裡揮之不去。自然風有讓人心靜的效果，但是顏色不夠豐富，我記得我曾在參觀辦公室的那天這麼告訴伊莉莎白：我們需要某種藝術。

然後，我恍然大悟：我們的人！

「我們可以放一個螢幕，或是放照片，展示我們的員工、顧客和社區成員。」她建議道。

「思考要放得更大。」我告訴她。

我們的「文化藝廊」就在這個時候誕生了。我們把在各項公司活動和志工活動裡所拍攝的歐哈那成員照片，放大到接近真人大小，掛在每一層樓和電梯梯廳的牆上。伊莉莎白在一次舊金山現代藝術博物館之旅中得到靈感，用白色金屬框展示這些照片。畢竟，要表揚我們的人，有什麼做法會比尊他們為藝術品更好？

從塔吉特（Target）執行長布萊恩·柯乃爾（Brian Cornell）、繁榮全球（Thrive Global）執行長亞莉安娜·赫芬登（Arianna Huffington），到加拿大總理杜魯多（Justin Trudeau）、《紐約時報》的記者，幾乎每個來到我們辦公室的人，一踏進門一定會說：「哇！這裡的感覺很不一樣！」無論他們是否有體認到，那是我們文化全面的實體呈現。那就是我的目標：讓我們的文化有活生

生的生命。

現在，在你踏進任何一間Salesforce的辦公室時，你就可以感受得到它。感謝那次打開我心眼的巴黎之旅，我現在理解，我們大樓迎接員工、顧客和社區的寬闊一樓大廳所具有的魔力。除了覆蓋大廳牆面、藝術作品不停流轉的大螢幕，你也會看到咖啡、點心、在保全人員櫃台外面隨時留意動靜的迎賓人員、特別活動、與人交流的機會，甚至還有DJ。我希望，每個穿越我們前門的員工和訪客，都能感受到我們的文化！

但是，從舊金山總部到紐約、印第安納波利斯、倫敦、東京和其他各地，在Salesforce的每棟新大樓，我最喜歡的特色是「歐哈那樓層」。一般來說，企業大樓的頂樓會保留給最高主管，甚至在有些公司，你必須搭乘專屬的私人電梯才能到達頂樓。可是呢，我完全摒棄那種做法，我決定讓每一棟樓的頂樓（以及它儷人的壯麗景觀），成為開放給所有員工在週間開會、辦活動和洽談合作的空間，在週末則邀請非營利組織和社區團體免費享用。

2017年，我搭著架在外牆的工地升降梯，登上舊金山市區興建中的Salesforce新大樓的61樓。這棟大樓一旦完工，就會成為我們的新總部，也會是密西西比河以西最高的辦公室建築。我們的頂樓有種魔力：金門大橋、

太平洋，還有這座城市所有的重要地標，構成一幅讓人摒息的景觀。伊莉莎白和我踩在水泥板上，仰臉望向開闊的天空，這下子，我們名副其實的「把頭伸進雲裡」（heads in the clouds，意思是做白日夢）。

唯一的問題是這個樓層要如何設計，才能不辜負這個極佳的地點。

「我們來創造全世界最棒的客廳吧。」我這麼告訴伊莉莎白。

最後，我們的雲端客廳是一個溫馨、讓人賓至如歸的空間，有360度視野的景觀，還有咖啡吧、舒適的家具，和可以見面閒聊的窗邊座位。我們用數千株活的植物和花覆蓋梁柱，甚至還搬來一架史坦威鋼琴。然後，我們掛起一塊告示牌，上面寫著「歐哈那樓層，歡迎所有人。」

# 08

# 回饋他人就是展望未來

## 投資未來的開拓者

2017年，在一個出奇燠熱的九月早晨，我加入Salesforce員工的車隊，一起前往舊金山的訪谷中學（Visitacion Valley Middle School）。

　　在Salesforce「認養」這所學校後的幾年期間，我們辦公室有人組成小型代表團，定期到那裡去。他們奉獻有薪「志工日」，在那裡做各種大小事，像是指導學生學習電腦科學、支援教師在課堂上輔助個別學生，或者就只是在圖書館裡把圖書歸架。

　　今天不一樣。這群中學生想要來個翻轉教育，今天換他們教育我們。具體來說，他們想要讓我們看看幾項新專案，這些都是他們在我們員工的協助下所想出來的構想。

　　這些孩子展示他們設計的一副「智慧」鏡，能顯示日曆，並利用數位聲音報讀今日新聞和氣象。他們也展示一座從無到有打造而成的自拍亭，還有把黏液接上音聲線路做成的樂器。還有一組學生帶我們參觀籃球場：這座籃球場在我的共同創辦人哈里斯的大力協助下，已經改頭換面；哈里斯花了一個晚上的時間，自願為瀝清地板漆上白線，最後在球場待到第二天曙光乍現的破曉時分。

　　我們在訪谷的嚮導帶著我們逐一巡禮每個地點，孩子們對學習的驕傲和熱情有一種感染力。我回想起自

己在那個年齡的樣子：我深深著迷於世界潛藏的各種可能，特別是程式設計的神奇。我忍不住想著，這些好奇的孩子是如此徹底的體現開拓者精神。他們以真正的初心體驗生活，熱切帶著別人和他們一起展開探索的旅程。

這次參訪最難忘的是親眼目睹一位Salesforce志工深遠的影響：創新經理人金‧蕭亞（Kim Chouard）。金在Salesforce早已經是聲名響亮的人物。他算是個奇才，很早就對科技和教育抱有熱情；他10歲時開始創業，架設企業網站；到了25歲，他已經開始挑戰我們一些最經驗老成的工程師，以自己創造的產品概念贏得七屆內部黑客松（hackathon）賽。他不只在工作上付出110%的努力，他同時還在訪谷圖書館帶領一個為了清寒學生而開設的課後程式設計社團。

每週四，金都會出現在社團，教孩子基礎的電腦科學、程式設計和3D列印，還有重要的軟實力，像是團隊合作和解決問題。這些不但是教室裡的關鍵能力，等到這些年輕的創新者最終進入職場，這些能力將會變得更重要。

在這個參訪活動中，一個名叫莉莉安‧艾姆萊芙（Lilian Emelife）的學生，得意的展示至少四具她自己做的機器人。還有一個學生是卡蘿麗娜‧曼迪歐拉（Carolina Mendiola），她用3D列印機製造出零組件，然

後在我們面前組裝出一個完全運作自如的遙控機器人。我或許是科技業老將，但是那一天，我從一個好奇孩子的眼睛看到科技業的前景和可能性。

那天稍晚參觀活動操場時，有個八年級生的家長朝訪谷的校長走上前去，請教一個急迫的問題。她說，她的兒子那年要從學校畢業，並問道，「哪家高中有最好的程式設計課程？」

校長喬・特魯斯（Joe Truss）停下腳步。他在學校這麼多年，這還是他頭一次遇到這個問題。在過去，這些孩子幾乎連什麼是程式設計都不知道。但是，現在這些孩子所展示的作品，豐富得讓人驚異。自從我創立Salesforce的這些年來，我參加過許許多多的產品展示會、研討會和商展，而這些孩子的作品和我在那些展場裡看到的截然不同。我看到目瞪口呆，驚訝得說不出話來。

一家成長中的大型企業，自然會有一種健康的使命感，致力於開創一個更美好的世界，關注最重要、最迫切的全球議題。但是，我們所有人在這個早上所接收到的訊號是，儘管所有的回饋行動都很重要，最有力的莫過於學習與知識形式的回饋。我們奉獻在那所學校的時間、金錢和資源，相較於我們的慈善工作，或許看似不起眼，但是產生的紅利卻極為可觀。你向孩子與青少年

傳遞知識（以及獲得知識的工具）所投注的每一塊錢、每一分鐘，都是投資在未來的開拓性創新，也是投資於明日的工作人力。

這些對教育和學習的投資，無論是在課堂上或教室外，都是我們在Salesforce所打造文化的靈魂。

幾年前，我們開始把慈善工作的重心，放在與在地的灣區學校建立實際的合作關係，因為我們想要幫助社區的孩子，讓他們有均等機會可以得到高品質的教育。不過，我要在此聲明：我們的公立學校需要有人出面關心，更勝於需要贊助人的捐款。他們需要有人貢獻專業，以指導學生、協助教師，甚至是有人幫忙粉刷新漆。那些活動全都是一樣有力的變革工具，而Salesforce的員工正在全世界各個角落部署這些工具。

這項計畫的起源，部分來自我到鄰近地區一家公立學校的參訪。我沒有事先規畫，甚至連邀約都沒有，就直接闖進要塞中學（Presidio Middle School）實地探查。我知道，就像灣區那些學生組成涵括各種社經背景的多重文化學校一樣，要塞中學的資金和教職員都嚴重不足。我走在長廊上，一路閃過迎面橫衝直撞而來的學生，最後到了校長室。在校長室裡，我做了自我介紹，然後問校長一個問題：「我要怎麼做，才能幫忙改善這所學校？」

校長不確定要怎麼反應。我們素未謀面，他可能以為我是家長，接下來會有一場頭痛的討論。但是，等到他發現我真正在問什麼，而且知道我是認真的，他答應我，會再和我聯絡並給我答覆。

幾週後，幾百個中學生盤腿坐在柏油龜裂、暫時充當學校操場的中庭。我告訴孩子們，我想要幫忙，讓要塞中學變成「全世界最好的學校」。

那場在校長辦公室的即興會議，後來成為在全球各地公立學校出現的數百場同類型會議的第一場。

## 不再當旁觀者

在我穿越要塞中學那一道道門之後，我們與在地學校的合作或許已經開花，但是，那顆合作的種子其實在更早之前就已經埋下。

1997年4月，我剛結束印度之旅，回到甲骨文。這時，我已經下定決心，我的人生不能只是用於追求我在矽谷的職涯進展，而是要用來成就更多事。我的老闆艾利森要我去費城參加由鮑威爾將軍主持的美國未來總統高峰會（Presidents' Summit for America's Future）。

於是，我來了。我在當年擬定美國獨立宣言和美國憲法的美國獨立紀念館參加一場活動，身邊圍繞著卸

任總統、州長、市長、內閣官員和許多全國頂尖的執行長。對於一個胸懷抱負、尋求擴大自身影響力的32歲青年來說，這一幕，讓我肅然起敬。

峰會的目標是動員美國的公民力量，合力解決我們社會面臨的問題，尤其是那些威脅著年輕人的問題，例如不當的醫療保健、藥物濫用，和缺乏在全球經濟裡競爭所必備的教育。鮑威爾將軍希望我們參與後來成為非營利組織的「美國希望」（America's Promise），這個組織致力於改善美國數百萬個瀕危年輕人的人生。這是一個關鍵時刻。

鮑威爾將軍是備受尊崇的公僕，當我聽到他口中的訊息，居然和我在印度之旅時、聽到「擁抱聖人阿媽」對我說的話一樣，我簡直不敢相信。他提出一篇誓詞，我接受並照本宣誓，而它最後對我影響至深：

「我們矢志援助美國這個大家庭裡最脆弱的成員，也就是我們的孩童。他們的成長正面臨險境：沒有一技之長、沒有學習，更糟的甚至是沒有人愛……我們每個人可以一週撥出30分鐘或1個小時。我們每個人可以多付出一塊錢。我們每個人都能觸動某個人，他們的外表、言談、衣著或許和我們不同，但是，奉上帝之名，他們的生命需要我們。」

我從來不曾聽過有人表述這個觀念：企業可以解決

問題。我當然也不曾聽過比這更有說服力、更急迫的呼籲，召喚企業投資我們國家的年輕人，作為回饋社會的重點。

「美國人要離開觀眾席，下場參與比賽。」鮑威爾論述道。

從活動歸來的我，立志要做那樣的事。我很快和艾利森見面，說服他甲骨文應該參與「美國希望」。他同意了，於是我們決定在我們最內行的領域伸出援手：把能夠連接網際網路的電腦送進經濟困難的學校。第一年，從洛杉磯到以色列，我們在各地學校布建了6000台電腦。

位於華盛頓特區西北的低收入區、有2000名學生的麥克法蘭（MacFarland）中學就是其中一所。我們計畫安裝100部連網電腦，但是我們沒有考慮到，安裝時間剛好遇到季度結算期間，甲骨文的每個人都忙著爭取銷售數字，我們的志工人手因此短缺。那一天，我們必須頂著超過華氏100度（約攝氏37.8度）的氣溫，把那100部電腦搬上三樓，而我們卻沒有人手可以做這件事。雖然電腦最後還是送到，但是甲骨文團隊不重視這件事的訊息也傳開了。

就是在這個時候，我開始理解，建立一種大家都知道親自到場很重要的組織文化有什麼價值。甲骨文致力

於升級學校的電腦設備，這是一件慷慨的美事，但是回饋他人這個價值觀沒有深入公司的文化，因此沒有人覺得應該加把勁，讓它真正實現。我當下就立刻下定決心（就在離開甲骨文的兩年前），等到我終於有自己的公司，事情會不一樣。

## 1-1-1 模式

2000 年，我和共同創辦人創立 Salesforce 一年後，公司大約有 50 名員工，人數已經達到可以動員志工、為世界做點善事的門檻。可是，我們是一家成長快速的年輕新創事業，沒有時間或專業可以靠自己經營慈善工作。

蘇珊・迪比安卡（Suzanne DiBianca）是具有執行科技以及企業基金會背景的管理顧問，她正是這項職務的最佳人選。但是，我們第一次見面談工作時，我可以看得出來，她對我們的意圖有所質疑。網路企業榮景創造龐大的財富，在實質上與帳面上都是如此（許多財富都會在隨後的網路企業崩盤中蒸發）。那些創業家當中，有幾位曾經高談闊論著要捐多少比例的個人財富給慈善事業，但是到最後，多半也只是淪為空談。

我知道我必須說服她，Salesforce 想要努力的，不只是隨意捐一點錢贊助創辦人心有所感的訴求。我解釋

說，根據我在甲骨文的經驗，了解到把慈善事業融入企業環境的挑戰，而我向她保證，我們會打造一家不一樣的公司。我告訴她，Salesforce有一項使命：我們會秉持追求核心價值觀的那份努力，為回饋社會而付出。

事實上，打從一開始，回饋社會這件事就已經深入我們每一項核心價值觀。畢竟，幫助他人這項舉動本身就能培養並展現信任：它向員工和顧客證明，激勵我們的不只是金錢。我想要回饋社會的方式（也就是投資於明日的工作人力），其核心精神就是確保我們能繼續推動開拓性的創新，幫助我們的顧客不只在今天成功，也能在未來的多年都成功。最後，我們把增進人人接受教育的機會作為關注焦點，這無疑是消弭不平等的最佳解答。

蘇珊領略到這不是煙霧彈和障眼法，於是答應擔任這個職位，引領還在起步期努力的我們。Salesforce已經具備創新的新科技，也有創新的新商業模式；現在，蘇珊和我決心創造一個能與它們互補的新慈善模式。

我們向班與傑利冰淇淋（Ben & Jerry's）請教，他們已經成功建立一個慈善基金會，捐獻利潤和員工時間。我們也與其他矽谷新創事業洽談，例如eBay：它在上市前一年，挹注100萬美元的公司股票給它的基金會。我們還知道，思科會捐獻產品和員工的時間，幫助非營利機構連上網際網路。後來在Salesforce董事會任職的玩具

製造商孩之寶（Hasbro）董事長亞倫‧韓森菲爾德（Alan Hassenfeld）告訴我們，孩之寶的員工一個月有4個小時的社區服務有薪假。我們也知道，戶外用品公司天柏嵐（Timberland）的員工每一年會有高達40個小時用於全球社會服務機構的志工活動。

在省思這些例子幾週後，我忽然想到，新模式必須整合我們全部的資源，包括金錢、產品、股權和人員。答案是：我們要撥出1%的股權、1%的產品和1%的員工時間，投入我們自己的非營利機構。這樣一來，我們就不會只是追求隨機的慈善行動，而是完全把回饋社會融入我們的文化。這個模式能讓我們持續分配資金和支援，也能嚴密追蹤我們所有作為的影響力。

要想出一個好記的方法描述我們企業的新慈善模式很容易，我們用一個最簡單的公式：1-1-1。啟動與運作也還相當容易，因為不管在哪個類別，我們都還沒有太多可用資源。我們只有幾個員工，還沒推出新產品，股東權益是零。不過，我們確實深信給予的力量，也有支持它的能量。後來證明，這已經非常足夠。

———————

從第一天開始，我們雇用的每一個員工，不管選擇

哪一種志工活動，都能得到有薪假，而且無論員工捐款給哪一項他們覺得最重要的訴求，我們也會付出等額捐款，最高5000美元。我的目標是把慈善工作完全注入我們的文化，讓它與我們的核心事業無法切割，同時也讓每個人都能按自己可行的方式付出時間和能力。

2000年6月時，我們準備公開成立Salesforce基金會。我們打從一開始就知道，如果我們想要歐哈那所有成員都參與這項使命，就必須讓員工對基金會資金的配置有影響力，而且必須讓他們可以自主決定，要把自己一年七天的有薪志工假（volunteer time off，VTO）用於支持哪些理念。我們發現，在當今，如果員工能夠決定資金或志工時間的投入對象，他會比較願意參與回饋，蘇珊稱之為回饋的「民主化」。而隨著基金會在她的帶領下成長，員工也把我們的企業慈善工作帶往許許多多不同的方向。

員工在醫院、學校、食物銀行和其他社區機構擔任志工，有的就近當地，有的遠赴柬埔寨、幾個非洲國家，還有在印度和尼泊爾的西藏難民營。像是卡崔娜颶風侵襲等重大災難發生時，員工也會志願前往現場提供援助，幫忙重建災區，讓學校恢復正常運作。

重大災難發生時，有許多緊急優先事項。人們需要醫療、食物、水和居所。但是，最令我們印象深刻的

是，**資訊的取得、知識網路和資料**（以及運用數據的電腦素養）能幫助在地救援工作者和政府管理那些資源，以較少的資源做更多的事。

因此，以2010年那場摧毀海地、影響300萬人的7.0級地震為例，Salesforce不但捐款給賑災基金（其中包括比照員工捐款的等額捐款），還免費提供Salesforce的科技給海地政府和地方組織，像是西恩‧潘的J/P海地救濟組織（J/P Haitian Relief Organization），讓他們可以取得安置在避難營的人員資料。然後，我們讓50名員工志工搭機前往貧窮、人口密度高的太子港，在當地一所小學安裝電腦。同樣的，在2017年，颶風瑪莉亞肆虐波多黎各時，我們員工募得25萬美元的捐款，並前往該島擔任志工，協助重建。

不過，我們發揮影響力最重要的一個機會，是歐哈那大部分成員相聚之時。Dreamforce不只是我們最盛大的顧客活動，也是我們一年當中最重要的回饋活動。我們蒐集100萬冊書籍捐給這裡和全世界各地的學校，像是在尼泊爾新建的學校。我們參加「對抗飢餓」活動〔Rise Against Hunger，當時叫做「消滅飢餓」（Stop Hunger Now）〕，送出100萬份餐到食物資源有限和貧窮的地方。Dreamforce也會舉辦年度音樂會為UCSF貝尼奧夫兒童醫院募款（7000萬美元，數字還在增加）。

過去20年來，Salesforce的捐款大約達3億美元，員工在全世界各地的志工服務時間超過400萬個小時。但是，以下是我最喜歡的統計數字：我們回饋社會的員工比例高達88%。隨著我們持續成長，那些數字也會不斷增加。

　　接受我們服務時間和捐款的對象，不是唯一受惠於這些資源的人。根據印第安納大學莉莉家族慈善學院（Lilly Family School of Philanthropy）的研究指出，回饋社會也會和生產力提升、員工滿意度、人才召募有所關聯。我們的資料則顯示，新進人員加入Salesforce的原因，回饋社會排名第二，而員工為什麼留下來，它是排名前三名的原因。沒錯，我們有設置冥想室和咖啡吧的漂亮辦公大樓，而我們有合理而平等的員工薪酬當然也不會是壞事。但是，激勵Salesforce的4萬名員工的，還有其他事物。他們在意的是能不能為他人做點事；他們想要幫助在地社區；他們想要幫助孩童盡可能得到最好的教育；他們想要幫忙弭平科技落差，讓工作人力能為未來的動盪做好準備。

### 教他們看到無限可能

　　Salesforce基金會的基礎是我們在IPO前另外撥出的

股權，它在早期主要是對非營利事業捐款的媒介。我們提供數千家非營利機構、非政府組織和教育機構各10個免費訂閱名額，使用 Salesforce 的科技，並提供協助，讓他們用我們的軟體連結他們的學生、捐助人、工作人員和其他利害關係人。隨著需求持續成長，組織要求更多訂閱名額，於是我們做了一個讓捐助呈指數擴張的決定。

我們發現，身在一家開發、銷售 CRM 服務的公司，我們的慈善事業部門處於一個獨特的地位。每家非營利機構（光是在美國就超過150萬家）、非政府組織和教育機構都有「顧客」，無論是捐助人、學生、校友、幕僚、合作伙伴，或是客戶，全都是「顧客」。而這些組織需要管理顧客關係的工具（交叉銷售、顧客服務、行銷和商務），這點和其他任何事業並沒有兩樣。我們以大幅度的折扣提供他們額外的訂閱，等於移除價格障礙，讓他們可以充分享有這類工具的效能。同時，即使是折扣價格，這些訂閱也會產生營收，讓我們可以再次回饋給社區。

這些在非營利世界的實質突破也讓我們學到重要的一課。說到底，Salesforce 就像其他科技公司一樣，從事的都是幫助顧客取用、彙整和解讀資訊的業務。當然，這是組織的基本功能，營利機構和非營利機構都一樣。但是，我們體認到，培養利用資訊所蘊藏力量的能力，

對於未來要經營、領導公司和組織的人來說，也很關鍵。

即使在我們公司成立之初、還沒有產品、員工也屈指可數的時候，我就知道，如果我們想要 Salesforce 開疆闢土，我們就需要世界級的人才。未來的開拓者需要教育和技能，才能在數位、資訊經濟的工作人力裡出人頭地，而這表示我們需要投資在他們可以取得教育和技能的地方，那就是學校和青年機構。

因此，我們最早的專案之一就是與鮑威爾將軍的「倍力計畫」（PowerUp）合作，在課後中心設置電腦，包括我們辦公室對街 YMCA 內河碼頭（Embarcadero）分會的課後中心。我們在 YMCA 沒有窗戶的地下室取得空間，我們的員工在牆上畫出藍天和白雲（就像部分的 Salesforce 辦公室）。然後，我們安裝一排排的電腦，灌進最新科技，取代一堆過時、無用的技術。孩子們放學後走進這裡，映入他們眼簾的不只是實用科技，還有「真人」助手（我們的員工志工）在現場教他們如何使用新科技。

————

2012 年，我們的捐助和志工服務對象包含各式各樣的組織，包括青年組織、公立學校、慈善機構、街友

庇護所等等。能支持這麼多我們關心的訴求，感覺固然很好，但是另一方面，我也擔心，以如此分散的做法，我們無法發揮有意義的影響力。我的好朋友、矽谷傳奇創投家、慈善家，也是Salesforce.org董事會成員的隆恩·康衛（Ron Conway），熟識當時的舊金山市長艾德·李（Ed Lee），他建議我們兩人見個面，討論這個城市最需要什麼。那天，在我最喜歡的早餐店艾拉小館（Ella's），我問李市長（他在2017年辭世），他希望為市民留下什麼。他說了一個詞：「教育。」在長長的停頓之後，他繼續說：「特別是中學，那是一個孩子的命運大致底定的地方……我想要給孩子一個機會，那就是等到他們畢業時，可以進入像你們這樣的科技公司工作。」

幾年後，李市長開始與一個「那樣的孩子」合作，那就是伊波妮·佛烈克斯·貝克韋斯（Ebony Frelix Beckwith）。現在擔任我們企業慈善長的伊波妮，成長於舊金山的貧困地區（其實離訪谷中學只有幾條街）。她的單親媽媽是祕書，當她跟著媽媽一起去上班時，她夢想著有一天要在市中心某棟閃閃發光的高樓裡工作。取得電腦科學學位畢業後，她在一家金融公司的營業部門工作，然後加入Salesforce，擔任技術事業營運部門的幕僚長。在我心目中，Salesforce.org的回饋事業要採取以數據為基礎的方法，她無疑是適當的人選。

在我們尋求把公立學校教育作為慈善工作的重心時，伊波妮與蘇珊，還有Salesforce.org當時的營運長羅伯‧艾克（Rob Acker）（現在是執行長了），仔細爬梳資料，檢視員工在哪些地方從事志工服務，以及哪些可以長期永續運作。說來或許並不意外，我們的結論是要加碼於電腦科學教育，在這個地區的所有學校實施STEM[*]教育。

一年後，也就是2013年，當時的舊金山學區主管、後來出任紐約市教育局長的理察‧卡蘭薩（Richard Carranza）來拜訪我。他想要知道，我們是否願意捐助幾百萬美元，在中學裝設Wi-Fi，並購置一些教室用的筆記型電腦。「你們要放大思考格局！學校的最高境界是什麼？」我問他。「你只要告訴我們，你想要什麼就好。」

最後，Salesforce在10年間於舊金山聯合學區和奧克蘭學區投入1億美元。但是，我們的捐助不同於傳統的企業饋贈，我們的做法是讓員工實地協助。目前為止，光是在這兩個學區，他們就付出4萬個小時的志工時間，在教室裡指導學生。

因此，舊金山有全美國第一個在每個年級都有電腦

---

[*] 編注：結合Science（科學）、Technology（技術）、Engineering（工程）、Mathematics（數學）四大領域的新興教育。

科學學程的學區。我們在更多教室設置更多Wi-Fi設備，數學課和科技課有更多全職的教師和教練，班級規模也縮小了。這些成果都可以衡量。舊金山現在足足有90%的公立學校學生精通電腦科學，而我們看到，修習電腦科學的女生增加20倍，弱勢群體增加66倍。我認為，比起我們付出多少金錢或時間，那樣的進步更能作為成功真正的衡量指標。

受到這些成果的激勵，我們在全球各個據點所在的學區，也推動類似的工作。例如在我們美國第二大樞紐地點的印第安納波利斯，我們捐助50萬美元給公立學校學區。我們大約有九成員工到在地學校和非營利機構擔任志工，光是去年，他們就投入6萬5000個小時在印第安納州從事志工活動。

不過，有時候，我們志工對學生和年輕人所產生的影響力，不只是在於那些時數、分數或測驗成績，而是讓他們看到**無限可能**。我們紐約中心的早期成員、從銷售經理晉升到副總的史黛芬妮・格林（Stephanie Glenn）之所以把志工活動作為建立團隊的主要活動，這就是部分原因。史黛芬妮和她的銷售團隊，在皇后區的一所學校裡教財務素養課，並從「Year Up」（為沒有大學學歷的青年而設的工作人力發展計畫）召募實習生。有許多像布麗妮・艾瓦雷茲（Britnee Alvarez）一樣的業務實習

生，最後都得到 Salesforce 聘用，得到全職工作。

　　有句話說，「人無法實現自己沒看到的東西。」而我們希望，在像我們這樣的一家公司，這些孩子能看到自己的明亮未來。所以派翠克・史托克斯（Patrick Stokes）這位以紐約為主要工作地點的經理人，在 2018 年認養一所有 86% 的學生接受免費午餐的雙語中學（Dual Language Middle School）時，不只是開設程式設計課程而已。他和 Salesforce.org 副總珍妮佛・史翠德勒（Jennifer Stredler）一起和校長克莉絲堤娜・耶里涅克（Kristina Jelinek）合作，帶著 32 個「尖點」學生到曼哈頓的 Salesforce 大樓參訪。「尖點」是學校對他們的描述，意即他們不是表現最頂尖的，但是內在潛力高於他們外在表現。

　　派翠克和珍妮佛，還有幾個 Salesforce 的員工，安排他們稱為「工作輪流轉」活動，基本上就是讓這些中學生可以與來自不同團隊的員工所組成的小組交流，讓他們可以問我們在做什麼工作、我們怎麼做，有時候還會問我們賺多少錢！無論是這些深具啟發力的交談產生功效，還是免費的 Salesforce 小禮物發揮作用，一天的參訪結束時，有幾個學生在離開時立定目標：「我上大學之後，想要在一個像這裡的地方工作。」

　　他們很多人都做到了。這就是我們創立 Futureforce

的目標。Futureforce涵蓋各式各樣的計畫，包括認養在地公立學校，以因應12年級STEM教育的需要；與非營利機構和非政府組織進行職訓合作；在大學和社區大學徵才；還有為城市青年開出數百個建教生名額，其中超過一半都得到我們的聘用。

## 用技能提升作為回饋

想到缺乏教育資源的社區，直接浮現我們腦海的往往是公立學校系統。但是，需要廣開教育資源管道的，兒童和青少年不再是唯一的人口群體。隨著AI和機器人學的興起，全球的工作場所都面臨全面轉型。我們的顧客遍布於許多產業，對他們來說，例行工作愈來愈多外包給機器。要在這個許多工作（甚至整個職涯）都遭到自動化淘汰的世界裡求生存，需要不同類型的教育。因此，人力發展也成為Salesforce的優先重點工作。

根據世界經濟論壇2018年的《工作大未來》（*The Future of Jobs*）報告，在2022年之前，全球超過50%的員工需要進行重大的技能再造（re-skilling）。例如，在銷售業與製造業工作的人，需要取得更多科技方面的技能。今日，所有OECD（經濟合作暨發展組織）國家中，每四個工作者當中至少有一個，自身的技能已經不

符合目前工作的技能要求。成人的技能再造和工作訓練的需求儘管正在增長，對大部分人而言，這類機會目前仍是不存在或不可得。因為機器和演算法而離開工作的數百萬人，將會為全球與地方經濟帶來強烈衝擊，如果任其自由發展，那個龐大的裂口只會不斷變長、變寬。我認為，挽救科技創新所造成無可避免的經濟錯位（economic dislocation），是一個一代僅只一次的機會。這表示我們要提供適當形式的工作安全保障，給那些職涯被破壞或取代的人。在未來10年，新創造的工作可能會多於消失的工作，因此投資於訓練與技能再造，是讓被取代的工作者重新進入工作人力的關鍵一步。

我們需要做的，可以說就是重新想像21世紀的社會契約，而如此重大而複雜的挑戰，不能只留給政治人物。自動化加速時，我們不能坐在場邊當個觀眾，因為這件事攸關每家企業的利益，我們要尋找方法訓練員工、再造技能，以迎向明日的工作。

單是在美國，就有將近50萬個科技職缺，但是我們的大學去年只有3萬6000名電腦科學畢業生。同時，我們的企業可以成為教育未來工作人力絕佳的大學。這就是為什麼我們要投資於訓練員工，還有實習生與建教生，讓他們習得新技能，而其中很多是透過專業指導和實做經驗，這些即使在最負盛名的大學都不可得。

我們不是唯一投資於人力發展計畫的公司。摩根大通也投入數億美元的資金，針對女性、退伍軍人和弱勢的少數群體，在全球資助社區大學和其他非傳統職涯發展計畫。「我們必須洗刷社區大學和職涯教育的汙名，尋找幫助工作者提升或再造技能的機會，讓那些落後的人有機會爭取今日和明日薪酬優渥的工作。」摩根大通執行長戴蒙如此說。道氏工業（Dow）、IBM 和西門子都有建教合作計畫，有助於弭平他們產業的技能落差。而科羅拉多明智職涯中心（CareerWise Colorado）正著手在該州創造 2 萬個學徒工作，以滿足多個商業部門在未來 10 年間會出現高度人力需求的工作。

在 Salesforce，我們也運用線上學習平台 Trailhead，幫助我們的員工和顧客不斷培養新技能，以因應今日快速變動的數位經濟。我們以 Vetforce 提供免費訓練給美國公務人員、退伍軍人和配偶，培養要得到科技業工作必要的技能。我個人深受麥克艾爾洛伊（TJ McElroy）的激勵：他在海軍陸戰隊失明後，透過 Vetforce 課程成為認證的資訊科技管理者。今天，他指導其他身心障礙的退伍軍人，讓他們在科技業發展職涯做準備。

就像我對街友和海洋有一種使命感，我的共同執行長啟斯・布洛克把人力發展視為他的使命。他著手在州立農場保險公司（State Farm）推動大規模數位轉型，與

該公司執行長麥可‧提普索德（Michael Tipsord）合作，而他們的目的不只是讓我們的軟體有最佳的建置，他們想要確保受到 AI 驅動科技進展所影響的工作者，從代理人到理賠受理人員等每一個人，都能得到在他們的職涯裡繼續蓬勃發展所需要的訓練。這項技能再造工程，有部分就是透過 Trailhead 達成的。

啟斯也致力於四處傳揚人力發展的訊息。「下場參與，」他告訴前來參加我們最近一場年度伙伴會議的 1000 家合作伙伴，包括 IT 顧問龍頭埃森哲、普華永道、IBM。「這不只是關於專案或營收；它關乎真正讓顧客、還有他們的員工成功。」

我們的企業是由數百萬個人組成的龐大軍團，他們可以發揮深遠的影響力，影響那些受到自動化衝擊、需要再造技能的工作者：指導他們，與他們並肩工作，給他們持續學習和成長所需要的工具。我們不只與其他公司攜手，我們也和社區大學、大學、退伍軍人團體、非政府組織、幼兒園與中小學，還有政府等合作，藉此，我們能夠協助弭平技能落差、培育潛在的員工，並開發能支應一個強勁、成長的經濟體未來需要的工作人力。光是發展今日的工作人力已經不夠。我們需要努力打造明日的工作人力。

我經常問我在矽谷的同儕，要是一線創投公司要求

他們所投資的公司把1%的股權投入公共慈善，服務他們營運所在的社區，那會怎麼樣？答案顯而易見：蘋果、思科、微軟、甲骨文和其他無數成功的矽谷企業，都會創造出全世界最大的公共慈善事業，它們能累積數十億美元用於資助計畫，因應我們所面對最困難的問題。

我們需要找出大規模回饋的管道。企業就是答案。有些公司，像是Google，採用我們1-1-1慈善模式的變化型，而我們也與其他組織合作，把它推廣到全世界。我們成為Pledge1percent.org的種子，這家組織為各種規模和階段的企業提供一個架構，鼓勵它們捐獻1%的員工時間、產品和利潤（或股權）給任何慈善用途。

目前在100個國家有超過8500家企業加入Pledge的1%計畫，其中包括Yelp、TripAdvisor、Glassdoor和Twilio等，透過1-1-1慈善模式匯集超過10億美元的善款。這些企業理解回饋與前瞻不是單選題。回饋是我們創新投資的互補，是我們主張的所有事物的基礎，因為回饋意味著我們相信一個更美好的未來。

————————

「美國人要離開觀眾席，下場參與比賽。」

鮑威爾將軍的這些話（今日，他也在Salesforce的

董事會任職），我一直銘記在心。然而，我也敏銳的意識到，他所說的賽局根本稱不上公平，因為教育、資訊和教育的取得，會隨著社經階層的隔閡而分化，這些鴻溝遠在人們進入職場之前就開始擴大。為了修補這些落差，我們必須先治本，它們的起點就在我們這個國家最匱乏、最貧困的學校裡。如果我可以在大型看板打任何廣告，我會打出「認養公立學校」。或者，至少奉獻一點時間和資源給一家公立學校。

我相信，企業裡的每個人，上自執行長下至暑期實習生，都必須開始把回饋與前瞻畫上等號：把回饋視為一種機會，讓全世界的年輕人都能參與一個更公平的賽局。這些孩子是我們的未來。讓我們投資在他們身上。

# 09
## 初心
從一張白紙到達成共識

講到人生百態，凡是人都有個怪癖，那就是我們都會在人生的某個時候屈服於人性誘惑，一直拖延或逃避問題。我們不試圖在日復一日中慢慢處理問題，而是欺騙自己，相信問題有一天會自己解決。

2018年6月，我一路逃避問題到無可避免的盡頭。結果，問題迅速回過頭，倒打我一耙。

以我的情況來說，問題相當簡單。我的工作嚴重超載。過去幾年的行程已經榨乾我的能量，消耗掉大部分應該與朋友和家人共度、用於放鬆和運動，還有最重要的 —— 用於**思考**的時間和精神。就連在我經常要分身在多項事務間周旋的工作領域，我對於焦躁、分心和過度滿檔的行程，也早就已經習慣成自然。

我知道你大概在想什麼：**馬克，有一種東西叫「休假」。休個假吧。**而那正是我決定要做的事。但是有個問題：要擺脫這一切，已經不是把我送到某個純淨、遙遠之地那麼簡單就可以解決。即使遠在數千哩、好幾個時區以外，要真正休息的唯一辦法，就是與網路世界斷線。**徹底斷線！**

於是，我決定這一次要享受一個真正的假期。也就是說，我要做一次數位戒斷。而且不是一天、兩天，也不是一個長週末。這一次，我把目標訂在整整兩個星期。沒有電話、沒有簡訊、沒有電子郵件、沒有新聞快

訊、沒有推特。

為了把這個罕見活動的功效發揮到極致（並防堵意志力不足），我增設兩道厚實的安全防護。第一道是琳恩和我決定造訪遙遠的南太平洋島嶼。這些地方有世界上最原始而美麗的海灘，還有嘆為觀止的生物多樣性，這些都能提醒我們，為什麼我們這麼愛海洋（還有奉獻這麼多時間和金錢在全球投入心力保護它們）。更重要的是，對工作來說，那些島嶼根本讓人什麼都做不了。

第二道保險比較容易安排，但是要接受卻難得多。我們離開那天，我把iPhone和iPad都關機，塞進信封，寄到在夏威夷的家，我們在旅遊結束之後會回到那裡。

當然，我沒有與辦公室完全失聯。我將我們停留當地的市話號碼給了幕僚長波奇，要是工作上遇到真正緊急的狀況可以使用。雖然不太可能發生，但如果真的有什麼事情出差錯，我告訴他，可以打琳恩的手機找我們。

這不是我第一次這樣說關機就關機，所以我知道這種調整會有多難受。在頭幾個小時和頭幾天，在等飛機或在海邊餐廳候位時，我的肌肉記憶就會啟動。我本能的伸手掏電話卻撲空，然後有那麼幾秒鐘，慌亂的拍著我的口袋，接著終於想起來：噢，對，我沒帶手機。

可是，這一次，當我坐進飛機座椅，凝視著小窗外那片寧靜的藍色太平洋時，我感到的是舒緩，而不是焦

慮。過去幾年在忙亂的步調裡飛逝，我承擔的責任已經變得如此沉重，以致於我的手機等裝置變成我生存必要的一部分。現在，突然之間，我感到自己掙脫了它們，迫不及待的要放空我的腦袋，讓我的思緒漫遊。

————————

1621年，有位荷蘭醫生到巴洛克時期傳奇藝術家魯本斯（Peter Paul Rubens）在安特衛普（Antwerp）的工作室出診。

魯本斯是公認的文藝復興人，除了擅長畫作（有些仍然在全球最知名的博物館裡陳列），他兼任外交官，能流利的說七種語言。他也是成就非凡的藝術蒐藏家，甚至，他還挪得出時間運動。為了把所有事情都塞進一天的行程裡，魯本斯一心多用的功力之深厚，可是出了名的。

然而，即使知道這位受人敬重的病患的情況，荷蘭醫生抵達當天，還是不敢相信他所看到的景象。這位大師站在畫布前，狂暴的上色。在他的一側，坐著一名助理，大聲朗讀羅馬歷史學家塔西佗（Tacitus）的著作給他聽，同時，他對著另一名助理口述一封信的內容。在所有事情進行當中，他不知怎麼還能向醫生打招呼，並

同他天南地北的閒聊。

顯然，魯本斯是個有特異功能的人。他有一種獨特的心理能力，可以同時進行幾條不同的思路。我確定，他一定會是一位讓人敬畏的執行長。

說來悲傷，但事實是我再怎麼努力嘗試也做不成魯本斯。我經常希望我是，但是我覺得自己分心時的生產力似乎沒有特別好。研究顯示，我的感覺可能是對的，一心多用幾乎是搞砸許多事情的保證。

對於經營企業的人來說，這是很嚴重的問題。執行長的工作是一種無止盡的練習，不斷的找新方法把工作塞進你的清醒時刻，連最後一個角落都不放過。漸漸的，不只是執行長這樣覺得，隨著生活步調加速，公司各層級的員工都會感受到工作日永遠沒有盡頭的壓力。

但是，要領導一家擁有4萬5000名員工、大批顧客的企業，而且這家企業還不斷推出新產品、收購公司、投資新創事業，同時經營龐大的慈善事業，無疑的，你必須馬不停蹄才辦得到。雖然我大部分早晨仍然會做冥想修練，但是我在結束修練的那一刻就立刻開始飛奔。我的日子排滿會議、更多的會議、產品檢討、晚宴、演說、募款、避靜會＊、腦力激盪會議、媒體訪談和分析師的電話。只要一個不留神，工作就會吞噬你。

近年來，無論是出於選擇或必要（或者兩者都

是），我的時間愈來愈無法應付需求，需求呈指數成長擴張，而我的重要事項也呈指數增加。等到每一件事看起來都既急迫又重要時，要縮減規模變得極其困難。然而，我對於回饋社會的個人志業是不能打折扣的：我太太和我監管將近5億美元的個人慈善捐款，並在我們相信為地球做好事的營利事業擔任影響力投資人。說真的，我很難不去一直想著要做更多。例如，我們在2018年買下《時代》雜誌時，我猜琳恩和我是連想都沒想就去做，我們相信，這是一家重要的機構，對全球有正面的影響力，而保障一個自由、開放的新聞媒體，是與我們的價值觀深度契合的理念。我決定寫這本書，大概也是出於同樣的思維。

工作以及它的所有面向或許都讓人精疲力竭，但這些絕對**不是苦工**。即使是那些出於義務的事情，都能讓人精神昂揚。我當然不會渴望過著五點下班去打高爾夫球的執行長生活。我熱愛我的工作。

但問題是：當第四次工業革命改變所有人與世界互動的方式，當時間和空間不再是即時通訊的障礙，每一個從事企業活動的人都必須理解，「克盡職守」的定義

---

\* 編注：天主教的靈修活動，在與日常生活隔離的時空中靜修、祈禱或自我省察。

也應該要更新。

此外，當科技幾乎在一夜之間就顛覆長達一世紀的商業模式，在這樣的時代，能夠航行在未知海域的人，我不相信誰可以沒有開放的心智、掙脫過去的束縛。在未來，領導一家企業、或者是為一家企業工作唯一的方法，就是把目光從桌面上的工作移開，舉目望向更寬廣的視野。但是，除非你學會保護心智免於受到日常的噪音和混亂，否則你無法重新想像世界。今日，光是切斷連線、花時間思考已經不夠了。我們必須撥出時間**深度思考**。

像這些時候，耕耘初心，對所有新思維保持開放，不只對靈魂有益，也是生存的技巧。

廣泛而言，以初心面對生活，是打開自我以容納好奇心、感恩和學習的方法。這意味著拉開一張白紙。這意味著放下當專家的念頭。就像禪宗高僧鈴木俊隆所說的：「初心裡藏有許多種可能，在專家之心只有寥寥幾種。」

專家想要知道明確、最後證明為正確的事物。以初心面對工作和生活時，我可以自由放下過去，放下我的執著、恐懼、成見，甚至是渴望，同時打開我的心智和心靈，專注於當下。

如果我的佛僧朋友們是在2018年家庭假期前來找

我，他們一定會為我習慣性的一心多用、心靈的擁擠和隨時都沒有活在當下而責備我。當我一路埋首奮力工作，通往我們所居住、並且致力於改善的這個世界，但通往它的窗口已經漸漸湮沒在迷霧中。這不是做決策的最佳狀態。要成為高績效的領導者，必須從過去學習，同時預測未來。但是如果你不挖掘出一點時間活在當下，這兩件事都做不到。

————

我在夏威夷偏僻海灘上的長假期間，我的靜思冥想旅程變得更認真。我在那裡的每日靜思與海泳（通常在接近海豚家族之處），還有我在印度和尼泊爾的經驗，讓我能夠慢下來，重新評估我的優先事項。當時我還不熟識初心的觀念，但是我知道我需要擺脫那些讓我無法完全活在當下、對變化保持開放的心理糾結。

我對於東方哲學和靈性一向抱持好奇，但是隨著我浸淫於它的教導，並遇到許多精神導師，它現在緊緊的抓住我，強大的力量讓我幾乎招架不住。我感到頭腦清明、自由自在、煥然一新。我成為冥想力量的堅定信徒，也對修練初心的重要性深信不移。

說到展開追尋或心靈探索，並在這樣的旅程歸來後

成為正念的宣揚者，我絕對不是企業經理人當中的第一人。在外界看來，這或許像是種虛無淺薄的自我陶醉，或是某種如曇花一現的矽谷風潮。但是，我可以斬釘截鐵的告訴你，這項練習不但讓我變得更快樂、更有生產力，它也是重要的**企業策略**。

如果把Salesforce一路以來的發展畫成圖表，會出現幾個因為我的重大路線修正決策而來的成長期，並且會發現，在那些轉折之前，幾乎都有一段我特意斷線並重新接通初心的時間。

畢竟，在壓力高張或危機的時刻，很少有時間可以謹慎省思，必須讓直覺登場。在某些方面，那些決策是所有領導者的真實評量指標：我們必須行動的當下所採行的作為。如果你還沒有花時間重新與你的真我和你真正的信念相通，那些直覺最終會在最緊要的關頭讓你跌一跤。

2018年，我重新與我的真我、我的家庭和大自然連通，我因而受到啟發，採取行動去解決一個太久沒解決的問題。寧靜的沙灘、漫長的散步、在我熱愛的海洋裡歷經讓我對人生滿懷希望的體驗（最精采的是和家人在東加與座頭鯨一起游泳），在度過這樣的兩週之後，我終於變得放鬆和清醒，足以為我像滾雪球般超載的工作找到解決辦法。有一段時間，我那萬事通的專家腦告訴

我，我別無選擇，只能繼續像八爪章魚般運作下去，把我的觸手往百萬個不同的方向伸去，努力的在運行範圍裡的每件事物留下我的印記。

只有在我能夠淨空心智時，我才清楚看到，數字並沒有站在我這邊。到了2018年，有86%的《財星》500大企業是Salesforce的顧客，此外還有將近15萬家各種類型和規模的企業。但是，我仍然只是一個人，而我的責任緊跟著我們的事業成長。我們的成長愈多，推出的產品、行銷活動、主管發展會議、演講和必須出席的顧客會議就愈多，而我卻不斷希望自己可以做得更多。我突然體會到，以我現在這樣行程過滿、工作過載、過度勉力而為的狀況，如果我還像以前一樣繼續拖延這個問題，事情只會惡化。

幾個月以來，解決方案一直在我內心深處若隱若現，但是只有在那些遙遠的島嶼，快樂的擺脫所有牽絆時，它才浮現在我心頭。是時候要求我們的董事會拔擢Salesforce當時的營運長啟斯·布洛克擔任共同執行長了。啟斯已經承擔部分經營公司的責任，但是這顯然不夠。如果我要保持清醒，成為Salesforce應該有的領導者，我需要啟斯站出來，和我一起領導公司。我知道，這一步不只會讓我們的合作進入另一個層次，也會加速未來的成長。我會繼續專注於我們的願景和創新，包括

在科技、行銷，利害關係人參與和文化等方面，而啟斯則負責成長策略、執行和營運。

讓啟斯擔任共同執行長，直屬於董事會，而不再是我，我必須因此放棄一些控制權。但是在斷線的幾週裡，我的覺知出現轉變，我明白我需要更信任身邊的人。一直把全公司扛在肩上對任何人都沒有幫助。這個新安排能讓我更專注於當下，或許還能少當會議的遲到大王。這是個急轉彎，我相信這一步能幫助Salesforce在未來多年持續蓬勃發展，同時讓我重新凝聚被滿檔的行事曆奪走的專注力和焦點。

————————

學習冥想是我在人生中所做過最好的投資。我對於冥想的所知，大部分得自一行禪師。他是許多團體所說的正念之父；由於他為了終止越戰而做的工作，金恩博士曾提名他為諾貝爾和平獎人選。這位追隨者口中的「師父」認為，正念就是覺察當下在內在與周遭發生的事情。他教導大家，一個人不必花多年在山頂才能得益於冥想。事實上，回歸當下可以簡單到像是意識到自己的呼吸。他說，持守正念與活在當下能讓每天的活動散發喜樂、奇蹟般的光澤。焦慮感會消失，一種永恆感會進

駐，讓諸如仁慈、同情和憐憫等特質出現。簡單說，這是初心的源頭。

幾年前，師父與我一起住在我舊金山的家裡，那時我們每天早上六點進行冥想。當然，我珍惜能與全世界最偉大的老師一起修練正念的時刻，但是在那段時間的某天傍晚，我宴請幾位科技執行長的晚餐席間，他傳授給我真實的一課。

「我們每個人都必須問：我真正想要的是什麼？」師父說。「我真的想要當第一名嗎？還是我想要快樂？如果你想要成功，你或許要為成功犧牲快樂。」接著，他解釋說，他這段時間參訪 Salesforce、Google 和臉書，他描述他看到許多「折磨」。他觀察到，人們「會淪為他們成功的犧牲品，但是沒有人會成為快樂的被害人。」

有人認為，今日商業的競爭本質（甚至是我們用來衡量商業成就的指標），絕對有利於打造永續卓越企業，我對這個說法從來不曾完全信服。但是，我愈來愈深信，這些都不利於達到快樂的境地。「如果你會更痛苦，有更多錢有什麼用？」師父說。「你應該了解，如果你有美好的抱負，你會變得更快樂，因為幫助社會改變能賦予人生意義。」

我當然不會期待每個來到 Salesforce 工作的人都會接納這些教誨，或是潛心研究冥想和正念。就像你在第

7章讀到的，我們費盡心力把冥想與健康計畫整合，並在我們辦公大樓的每個樓層都設置正念區，藉此把正念融入我們的文化。Salesforce不是唯一把正念帶進工作場所的公司，包括塔吉特、福特、耐吉、蘋果和高盛等企業，也看到正念修練有益於員工，並且進一步為企業帶來好的影響。他們了解，擁有初心能幫助他們發現新機會，並感知到可能會損害公司未來的騷動。

當然，正念修練有很多法門。你不見得一定要住進禪修院，也不是非得每天早晨花一個小時冥想。不過，有時候你絕對需要關掉手機。我一定會在一天裡保留短暫片刻，觀照我的呼吸，並退一步，從本來應該要做的事情裡抽離。有時候，當我坐在會議現場時，我的同事會注意到，我會暫停幾分鐘，就只是坐著，閉上眼睛，打開心靈。這時候，我的團隊因為了解我，所以他們知道我並不是恍神或睡著。相反的，這些是幫助我完全投入當下的時刻，也是我最好的構想浮現之時。

然而，正念最重要的層面不只是打開心靈或活在當下。正念也關乎**深度傾聽**。不只是傾聽自己，也要傾聽他人。這聽起來像是一個簡單的練習，但是開始實踐時並不容易，因為人的心智往往會直接跳到結論，對自己不想聽的事物充耳不聞，而且會受到自己心情和偏誤的影響。

在最近的一次主管外地會議，我們在會議的尾聲安排一天艱苦的議程：檢討數字、訂定進度以改善我們的績效。事後有些主管對我坦承，所有讓人如坐針氈的質問都會造成傷害。我無法責怪他們，那一晚，連我都輾轉難眠，所有這些思緒在我腦裡不斷翻騰。

　　但是，在第二天早上，我的心智在充分休息後變得澄澈清醒，而我發現自己還不夠深入傾聽我的團隊。我因為過於專注於數字，沒能照顧到紓緩壓力、減少噪音、回歸初心的需要。我沒有傾聽內心的聲音。

　　第二天早上，我做的第一件事就是走進會場並宣布：「我要和你們一起做十分鐘的正念修練。」我那40個人的團隊迅速把咖啡、蛋和火雞培根推到一旁，找個自在舒適的姿勢。

　　「昨天在這裡發生很多事，」我說，「我們可以把全部都放進心裡，然後放掉並呼吸……」

　　「讓我們全都原諒自己在這段旅程裡所犯的錯，也原諒別人，」我又說。「對於昨天簡報的內容，希望我們全都能夠說出真心話，說出真正的感受和信念。如果有人需要對你說真話，你能夠深入傾聽。你能夠聽進心裡。」

　　接著，我請同事們慢慢把心神帶回當下，以及我們所面對的現實，也就是那一堆數字和惱人煩心的營運細

節。

我並不常把管理會議變成正念練習課。我知道不是每個人對冥想都覺得自在，而我尊重別人的觀點。但是，我可以說在那一場會議，現場的能量出現意義重大的轉變。我們都開始**深度傾聽**。

## 開放的心與一張白紙的力量

我可能讓你形成一種印象，以為耕耘初心和修練正念的主要用途是喚醒驚天動地的構想。那是真的，但是活在當下、專注於身處之地與正在發生的事物，也能幫助我們處理那些沒那麼重大、也沒那麼值得紀念、但卻主宰我們大部分時間的事情。無論是能掀起產業革命的璀璨產品願景、重組團隊的構想，或是微調顧客群成長計畫，就像大家說的，魔鬼藏在細節裡。

初心有另一個面向，那就是它會讓你的想法成真。為了實現你的想法，你必須說服他人為你的願景同心協力，並擘畫出一條前進的路線。你必須區分出**事情的輕重緩急**。在一家大公司，你必須為設定輕重緩急的過程擴大規模，讓數萬名員工都有共識。

究竟要怎麼做？這是我從1990年代開始就在與之周旋的問題。當我結束那次改變人生的第一次離休假，回

到在甲骨文的工作崗位之後，我就致力於追求成長，有個人層面的，也有專業層面的，但是公司沒有任何經理人訓練或專業發展課程。於是，我決定做數百萬個美國人都會做的事：我開始參加研習，看授課影片（沒錯，甚至是聽錄音帶）。我的導師是我不曾謀面的人，像是迪帕克‧喬布拉（Deepak Chopra），他給我深刻的啟發，迫使我思考我的價值觀，還有真正對我重要的事物是什麼。那段日子，我在車子裡聆聽的勵志課程卡帶，應該有數百個小時之多。

在這段期間，我偶然栽進一鍋奇特的思想大熔爐。日積月累下來，潛心耕耘初心的觀念，與其他各種個人修養哲學，開始匯聚合流，最後成為一個偶然的組合。

在甲骨文，我才剛得到晉升，負責經營直效行銷。我苦心摸索在這個新職位究竟想要做什麼，更何況還要面對外界對我的期望。我有預算，按照規定，我的開銷遠低於我要創造的營收。但是，幾乎沒有人管我要怎麼達成預算，也沒有長期或短期計畫。我需要一個更適合使用的架構，適合用來領導、評估績效。於是，我開始東拼西湊，補足我所缺乏的架構。我要建立一套清楚而簡單的方法，可用於辨識我們的目標，擘畫達成目標的路線圖，而同等重要的是，評估我們目標達成的優劣狀況。

所以，我清空思緒，拿出一張白紙，擬了幾個簡單的問題。我想要實現什麼樣的**願景**？這是第一個必須問的問題，如果你不清楚目的，那麼你最後會到哪裡去，就只能隨你的造化。

　　第二個問題順理成章：這個目標對我的重要性何在？支持這個願景的**價值觀**是什麼？

　　列出價值觀清單後，接下來我會按照它們的重要性排列順序。這是一種二元練習，迫使我在兩個旗鼓相當的重要項目裡選一個。我很快就明白，如果每一件事都重要，就等於沒有任何事重要。我問我自己：比較重要的是什麼？是縮短上市時間，或是雇用更多人？是創新比較重要，還是達成數字？

　　這並不容易，但是最後我終於想清楚，如何為分配時間和金錢排列輕重緩急順序。

　　一旦我確認願景和價值觀，我還需要建構落實它們的**方法**。因此，這個架構的第三部分是勾勒出每個人完成任務所需要採取的所有行動和步驟。這些方法也要依重要性排列優先順序，每一個方法都包括它的預估成本。

　　第四個部分是找出我們在達成願景的過程中必須克服的**障礙**。我們和成功之間，還隔著哪些挑戰、問題和事務？哪些障礙的化解最為關鍵？我們又要如何化解？

　　最後，我研擬適當的評量**指標**：我們怎麼知道我們

成功了？在我心目中，主觀的「有／無」不是合適的判斷。我們需要數據和衡量指標，決定成功是何種樣貌。

這五個部分構成一個流程架構，我稱之為「V2MOM」，分別代表願景（Vision）、價值觀（Values）、方法（Method）、障礙（Obstacles）和指標（Measure）。V2MOM可以歸結為五個問題，這五個問題為協調統合和領導統御創造一個架構：

1. 願景（Vision）：你想要什麼？
2. 價值觀（Values）：對你重要的是什麼？
3. 方法（Method）：你要如何做到？
4. 障礙（Obstacles）：成功的阻礙是什麼？
5. 指標（Measure）：你怎麼知道你做到了？

V2MOM的五個部分構成一張詳細的地圖，指出我們要去哪裡；也是一個羅盤，引導我們到達目的地。它是Salesforce故事的重頭戲，也是我們成功的重要因素。每一次，V2MOM流程的起點都是一塊空白的寫字板，因為我們不想讓過去主宰未來。

從初心開始，我們可以整理我們的心智，拋棄過時的假設，心無旁騖的專注在我們要做的事、要這麼做的原因，還有怎麼做的方法。此外，把它記在紙上，更

容易協調統合每一個人。我們需要所有人都在同一條船上，同心協力往同一個方向運槳，並留意可能會讓我們沉船的礁岩與淺灘，這樣我們才可能載運著貨物，安全抵達港口。

除了每次都從一塊空白寫字板開始之外，我也研擬建構這份文件的四大關鍵原則。第一，所有事項都必須排列優先順序。第二，每個字都重要。第三，計畫必須好記。第四，必須容易理解。

三年後，我離開甲骨文，著手創立 Salesforce，你大概可以猜得到，這時我最早開始做的事有哪一件。我和共同創辦人拿出手邊面積最大的一張白紙，那是一個美國運通的信封，然後在信封背面寫下新公司的願景和價值觀。我們在 Salesforce 的第一版 V2MOM 就是這樣開始的，基本上這也是我們的第一份營運計畫書。

第一版 V2MOM 是一段漫長旅程的起點，回顧當時，我會笑我們的狂傲和幾許的無知，但是我們達成了在那張美國運通信封背後所立下的目標。

V2MOM 成為我們將初心融入企業規畫的完美架構。闡述願景能讓我們腳踏實地，立基於現實；寫下價值觀能讓我們遵循指導原則；指出障礙能讓我們誠實面對牽絆我們的事物；而成功的量化能讓我們保持誠實，不但是對自己、也對彼此誠實。

事實證明，V2MOM是我們最重要的管理工具，在我們從400個人成長到今日4萬5000人的過程中，一路引導Salesforce的每個決策，為整間公司設立一條一致的路徑。V2MOM的核心是統合的有力練習，能讓團隊和企業對高層的優先事項有共同的理解，同時讓員工能清楚看到，他們的工作對公司整體的成功有何貢獻。在我眼中，V2MOM還不止於此。

　　V2MOM的美就在於它的簡單，還有它在組織生命週期的每個階段都能發揮效用。我們發現，幫助我們在草創時期勾勒營運計畫的這個架構，在我們成為上市公司時，用於擘畫年度目標也一樣有效。我也發現，每每遇到棘手問題，都是因為在V2MOM的過程中沒有把事情寫下來並用心思考。

　　今日，在Salesforce，我們擴大V2MOM的範疇，在公司上下的個人和團隊實施：每一年，每個部門和每名員工都要寫下自己的V2MOM。因此，這項提升我們企業意識的實務練習，就這樣由上而下傳遍整個組織。每一個V2MOM都是員工個人的規畫，我們有4萬個V2MOM，在整個組織裡上下奔流！

　　為了增進透明度，我們會在企業社群網路Chatter公布每個V2MOM，而不是把它們收藏在庫房裡。這種毫無保留的做法，有助於打破部門隔閡，運用整家公司的

集體能量。任何人都可以查閱任何員工的V2MOM，看看每個人如何規畫為公司的未來貢獻一己之力。我們甚至做了一個app，可以讓每個員工追蹤V2MOM每個項目的進展。

不用說，我們自然是非常認真看待V2MOM。每年從8月開始，我就開始與吉姆‧卡瓦里耶利（Jim Cavalieri，他是我們雇用的第6名員工）為下一個會計年度起草高層文件。接下來的幾個月，我們與經營管理團隊字斟句酌，然後才在2月的會計年度開工會議上，提交給更大的高階管理團隊。這時，我們會就每個部分開放徵求回饋；我們想要知道，我們要怎麼做，才能讓這份文件更盡善盡美。我們在為優先順序、行動項目和其他條目爭辯時，可能會造成一些歐哈那之間的緊張，不過這一向能提升知覺，讓每個群體更同心協力。

我也發現，這個過程有助於探索關係。在董事會同意任命啟斯為共同執行長後，我們研擬V2MOM以建構我們的新角色。當我們著手共同找出團隊的願景和價值觀，這一步幫助我們看到，我們的技能可以如何互補。你可能不會覺得意外，除了經營Salesforce，我們也把彼此信任列為最高的價值觀。

我不確定我們有多少員工把V2MOM的過程和正念的觀念連結。但是，這些年下來，我清楚看到，這項練

習真正的力量在於，可以幫助你在過程中從頭到尾保持初心。

但是，V2MOM還有個特點：它不同於精實法（Lean Methodology）、敏捷法（Agile Method），或是任何在矽谷如火如荼流行的其他管理趨勢，它的設計並不是以科技公司為原型。事實上，它完全不是科技業所專屬。它是一種實現願景和價值觀的方法，適用於任何類型的企業或專案。

比方說，我們的策略長戴揚就與各個不同產業的顧客分別建立V2MOM，有時候規畫甚至走在他們簽約購買Salesforce的科技之前。例如，戴揚有一次和「金屬製品」樂團的創團人和鼓手拉爾斯·烏爾里希（Lars Ulrich）合作寫下V2MOM，重點是協助樂團把社群媒體的參與帶進新的層次，根據它的音樂進一步發展品牌，並成為「全世界社群關係最活絡的樂團」。

還有一次，在史黛拉·麥卡尼（Stella McCartney）把她的品牌從法國奢侈品開雲集團（Kering）旗下收回來自己經營時，戴揚協助她構思自己的計畫。在重新獲得品牌的完整控制權之後，這段關鍵時期V2MOM幫助這位有遠見的設計師，聚焦於她的願景，也就是讓大眾「好看、好感覺，做好事」，並根據她的價值觀做決策，而她不只把這些價值觀放在企業損益表上，也放在環境

損益表上。史黛拉‧麥卡尼永續服飾指日可待！

在構成我們文化的所有事物當中，沒有幾項比V2MOM更能迅速切中核心。事實上，每當有年輕創業家徵詢我的建議時，我做的第一件事就是拿出一張白紙。

例如，我去年曾和「保事美」（Postmates）執行長巴斯欽‧李曼（Bastian Lehmann）一起搭飛機。保事美是一家隨需快遞服務公司，幾乎任何東西都可以保證在一個小時內送到。身為投資人，我幾年來都會為巴斯欽提供建言。他的新創事業造成一陣轟動，我發現他是個非常聰明而有幹勁的人。

可是，那次一起搭飛機，我可以感覺得到，他有一點無精打采。「我認為你的熱情有那麼一點消退，」我告訴他。

巴斯欽承認，山雨欲來的組織改造以及事業上的其他變化，讓他感覺「有一點低潮」。

我問他那個基本問題：「你真正想要的是什麼？」還有「你想要去哪裡？」當他開始滔滔不絕的講述一些拉拉雜雜的答案，我打斷他的話。要解他的悶，解藥顯而易見：他需要為快速成長的事業找到清楚的願景和價值觀。所以，這時 —— 你可能已經猜到了：我拿出一張白紙。

我們在舊金山落地之前，巴斯欽已經為保事美確立

四大價值觀。那一晚他告訴我，他回到家寫出他的方法、障礙和指標。回到基本面幫助保事美安然度過那些讓巴斯欽擔憂的變化，自那之後，這家公司也強化它在業界的地位，成為隨需速遞貨運服務的龍頭，並申請IPO。

我的共同創辦人和我在 Salesforce 早期所寫下的第一張 V2MOM，後來怎麼了？我的共同創辦人哈里斯不知打哪來的念頭，一直保存著那張美國運通信封。他把它裱框起來，在 2004 年 6 月 23 日我們的 IPO 那一天，把它送給我。

無論你是要創業，還是要協調統合你的團隊或組織，或是克服個人的挑戰、達成個人的目標，有一條原則永遠成立：從初心和一張白紙開始。

# 10

# 利害關係人

在這個星球上，所有人都彼此相連

2018年夏天，我在遙遠的太平洋島嶼與家人渡假，這是我多年來時間最長的一次完全斷線，而我不在公司時會出差錯的事情裡，最無法想像的其中一件發生了。

　　突然之間，沒有任何預警，Salesforce陷入一場如火如荼、複雜而且殺傷力四伏的危機。而我的斷線只會讓火愈燒愈旺。

　　我們才踏上復活節島的沙地，我太太的電話就開始發亮，這是來自舊金山的緊急求救電話。正當我遠在半個地球之外，沒有家鄉消息的羈絆，可以開心的什麼都不管，而且是對全世界任何地方的事可以都不聞不問之際，我得知川普政府的移民政策，不但已經在全國引爆緊繃、情緒化的激辯，而現在也正以我不曾思索過的方式影響Salesforce。

　　這些緊張情勢的升高已經有一段時間，因為政府宣布的政策一項接著一項，目的似乎都是為了封閉邊境，把移民擋在美國之外。對於在美墨邊界上演的驚駭人倫悲劇，我非常敢於向政府直言表達我的擔憂，我的公司也是。當時報導指稱聯邦單位拆散移民孩童和他們的家人，把他們留置在羈押機構，數百萬美國人義無反顧的強烈表示反對。《紐約時報》在2018年4月披露，超過700名兒童，其中包括超過100個4歲以下的幼兒，被迫與家人分離，這篇報導就像一桶機油，澆在已經燒得熾

烈的火上。

　　現在，我在家鄉的團隊正在發出訊號彈，讓我知道有一封寫給我的公開信：這封信由四名Salesforce員工執筆，有867名員工簽署，抗議他們認為嚴重違背公司四大價值觀的行為。

　　他們發現美國海關及邊境保衛局（CBP）是我們的顧客。

　　那年3月，我們發布新聞稿指出CBP選擇Salesforce幫助他們為局裡的業務流程進行現代化。那封公開信的作者們認為，讓CBP使用我們的企業軟體，等於成為川普政府邊境移民政策的助手和幫凶。他們覺得與CBP的業務往來，牴觸公司所支持的所有事物，而如果我們任其繼續發展，他們當初選擇來Salesforce工作的根本原因也會隨之消失。

　　具體來說，這封信要求我，「有鑑於當前邊境正在發生孩童與家人分離的不人道事件，」我應該「重新檢視」我們與CBP的合約。

　　「我們許多人選擇在Salesforce工作，是因為Salesforce是一家以敢於對抗不公義而聞名的企業，」公開信的作者寫道，「我們希望在Salesforce的工作對我們的朋友和鄰里有正向影響，而不是成為以不人道的方式對付弱者的共犯。」接著是石破天驚的一句：「我們相

信，我們的核心價值『平等』正在危亡之際。」

不過，他們有所不知，CBP使用我們的軟體，和移民孩童與雙親的分離沒有任何關係，它在CBP的用途有非常特定的目的，像是改造他們的人力資源能力和一些業務工作的自動化。但是，其中的區別沒有很清楚，因而很容易在白熱化的政治時刻被晾在一旁。

因為我在數位戒斷中，知道衝突事件時已經慢了半拍，回應就更不用提了。我可以理解為什麼有些員工變得焦躁，並把這封信傳給媒體。當我自長達一個月、（幾乎）不受打擾的自我探索旅程與家庭時光歸來時，看到Salesforce大樓門外停了一小群新聞車隊，我知道我必須公開評論，但是在那之前，我必須深入傾聽。所以，我與那封公開信的作者們通了電話。

我自然是科技力量的信徒，科技正在徹底翻轉我們與世界、與他人的互動方式。但是，全世界最靈活而有力的工具，是語言文字，而不是電腦編碼的0與1。

大部分人在尋常的一天之中會用到數千個字（我當然也是），但是沒有想過這些語言文字改變形態和意義的速度有多快。例如這些短句：「我們可以信任Salesforce」（We can trust Salesforce），或是「我們是一家講究道德的企業」（We are an ethical company），字詞以這樣的順序排列，傳達出清楚而精準的訊息，如果是從我

們員工或顧客、甚至是我初遇的人口中說出來，絕對可以讓我高興一整天。

然而，同樣的這些字，如果稍微調換一下順序，可能會傳達出令人極為不安的訊息。

這就是其中的一種狀況。通話進行幾分鐘之後，一位公開信的作者更動其中一句話裡兩個字的順序，把這些字變成一個問題，像是一拳打在我的肚子上。

「我們可以信任Salesforce嗎？」（Can we trust Salesforce?）

幾分鐘後，那封信的另一位作者做了同樣的事。

「我們是一家講究道德的企業嗎？」（Are we an ethical company?）

20年來，我不曾聽到任何人嚴正質疑其中一個觀念。聽到這樣的話，我深感震撼。這是我人生中第一次震驚到無言以對，我真的是一個字都說不出來。它讓我打從內心最深處緊張不安起來。

我曾經寫過，一家像Salesforce這樣的公司，如果沒有成功的利害關係人（我們的員工、顧客、伙伴，以及社區），就沒有成功的我們。但是，我很快就明白，一家公司如果失去任何利害關係人的信任，就絕對不可能達到極盛的巔峰。

## 不管是什麼企業，最重要的利害關係人都是……

2002 年冬天，在創立 Salesforce 的三年後，我第一次收到世界經濟論壇邀請函。在那裡，我第一次遇到這個機構高瞻遠矚的領導者和創辦人克勞斯・史瓦布（Klaus Schwab）。

克勞斯是我見過最聰明、思慮最周密、教育水準最高的人。他在哈佛大學甘迺迪政府學院取得公共行政碩士學位，還擁有經濟學與工程學雙博士學位。1972 年，他成為日內瓦大學最年輕的教授之一。1971 年，他以 33 歲之齡創設世界經濟論壇（WEF），在他的領導下，WEF 成為全世界最有影響力的一個機構。除此之外，這個土生土長的德國人也是知名的登山和跨國滑雪好手，而且舞技高超。

現在擔任 WEF 執行主席的克勞斯，建立他稱之為「利害關係人理論」的觀念；我認為，這個觀念是對企業界最重要的一個思想貢獻（雖然我在 2002 年遇到他時，從來不曾聽過這個觀念）。

我們第一次談話時，他站在一家旅館大廳，身邊一如往常的圍繞著一大群人，他優雅的與他們寒暄。或許是因為我個子高，在人群中特別顯眼，他最後朝我走過來並自我介紹。他直視我，說出一句永遠留在我的腦海

裡的話。他說，「『整合』是你必須為你的企業思考的第一件事。」接著，他轉身走開，留下我在原地思索他說的話究竟是什麼意思。

那天稍晚的時候，克勞斯對我們一群參加WEF講習活動「明日全球領袖」（Global Leaders of Tomorrow）的人發表演說。他鼓勵我們這些年輕的企業與組織領導者拓展視野，一定要跳脫圍著我們四面的高牆，甚至超越我們服務的社區。世界上有各式各樣的人，他們的命運與我們的命運以許多直接或間接的方式彼此交織，而在這個數位、彼此連結的世界，我們的未來不再只繫於我們的投資人、顧客、員工和社區，也取決於影響全人類的全球挑戰：從擴大的貧富差距、氣候變遷，到錯綜複雜的網路安全與隱私問題，甚至還有我們國家邊境的危機（一如我後來知道的）。

我開始理解，克勞斯之所以談「整合」，是要鼓勵我尋找那些很少會出現在企業內部的連結方式。克勞斯真正要說的是，企業的興盛之道，是完全與社會整合、完全融入一股更強大的力量，打造一個更美好的世界。

每一次，你的公司與另一個人連結，甚至只是短暫的交會，你就對那個人的未來福祉負有責任。從某些方面來說，這是一項負擔，但它也是如黃金般的機會。無論對方有什麼需求，或是受到什麼急迫問題的束縛，

如果那次小小的互動可以在那些事情上發揮影響力，無論影響大或小，你都能留下長久的印記，而這是建立信任關係的第一步。換句話說，每一次互動都是關係的投資，歷經多年之後，這些投資會在日積月累中逐漸增加。

獲益於這個觀點之後，此時再回頭看，我知道自己當時對Salesforce的觀點相當短視。有來自107個國家的7萬名顧客使用我們的服務，我們致力於奉獻時間、金錢和產品於良好的理念，但那些只是我想到的投入和產出。我沒有花足夠的時間思考Salesforce在一個更廣大世界裡的定位。身為企業經營者的我突然想到，我們像是站在攝影機後面，而我需要放大我的光圈。

我們的利害關係人群體不只那些與我們在商業場景中直接互動的人。沒錯，利害關係人包括顧客、員工、股東和伙伴，但是也涵蓋我們的朋友和鄰居，其中包括服務他們的社區和地方學校體系。利害關係人甚至包括我們全體居住的這個星球。

————

我對環境一向有很深的連結感。住在舊金山和夏威夷，我很幸運每天都能看到海洋。我走訪全世界的城市拜會顧客，看過氣候變遷的負面影響，但是，近年來的

事件讓我心中充滿更強烈的急迫感。

2019年的世界經濟論壇，在我主持的一場小組研討會裡，關於人類面臨的氣候危機，我目睹一記強而有力的提醒。我的小組成員有音樂家和慈善家波諾（Bono）與will.i.am；世界知名的人類學家珍‧古德（Jane Goodall）；聯合國氣候變遷綱要公約（UN Framework Convention on Climate Change）前執行祕書克里斯蒂安娜‧菲格雷斯（Christiana Figueres）；還有損保控股（Sompo Holdings）的執行長櫻田謙悟。

葛蕾塔‧童貝里（Greta Thunberg）也在聽眾裡，就是那個16歲的瑞典社會運動家，她勇敢的「對權力說真話」，激發青年抗議示威活動，在全歐洲掀起對氣候變遷的意識。我請她說幾句話，當她羞澀的從我這裡接過麥克風，我沒想到她的光芒會壓過這滿滿一屋子的明星。

氣候變遷是生存危機，葛蕾塔開口了，有些人會說，「（這是）我們所有人一起製造的……但是那不是真的，因為如果每個人都有罪，那我們就不能怪罪任何一個人。可是，這件事確實有人應該負責。」

接著，一頭長辮的葛蕾塔挺直小小的肩膀，繼續說：「有些人，有些企業，特別是有些決策者，完全知道他們為了繼續賺取多到無法想像的錢而犧牲無上的價值觀，我認為今天在場的人當中，有許多屬於那群人。」

突然間，現場在驚異中陷入一片靜默。「人類的未來，」她總結道，「緊握在你們的手裡。」

在長長的停頓之後，有人開始鼓掌，不過掌聲裡透著焦慮，而不是實在的喝采。這位青少年氣候社會運動家，向全世界一些最有權力的企業領袖下戰書，而他們完全不知道該如何反應。最重要的原因是，他們心知肚明，她是對的。

我們再也不能否認一個事實：環境是每家企業的關鍵利害關係人，對於居住在這個星球的每個人也是如此。我們不能被動的坐觀氣候變遷讓空氣變得無法呼吸，以及使海洋暖化、酸化，還有海平面上升。熱浪、乾旱、颶風、龍捲風和野火等極端氣候事件，逐年變得愈來愈頻繁，也愈來愈致命。如果我們繼續以現在的速度把塑膠倒進河流和海洋，到了2050年，海洋裡的塑膠重量就會超過海洋裡的魚，在整個生態體系引爆災難性的連鎖反應。

根據聯合國政府間氣候變遷委員會（UN Intergovernmental Panel on Climate Change）2018年的報告，人類大約只有10年可以控制全球暖化，避免重大、有害的破壞。這份報告提出警告，全球暖化的溫度如果比前工業化時代的水準高出攝氏1.5度，極端高溫、乾旱、洪水和可能有數十億人落入貧窮的風險就會增加。

一如傳奇自然學家大衛‧艾登堡爵士（Sir David Attenborough）那句語重心長的話：「伊甸園已經不再。」

隨著第四次工業革命的科技更深入我們的生活，理論上，我們面對的應該是一個極其容易的選擇。我們可以運用進步的科技嘉惠1%的人（也就是已經擁有全球絕大部分財富、也對地球造成傷害的那些人），不然就是為未來世代好好保存地球。例如，我們要用有AI的無人機和衛星加速過度捕撈，用潛水機器人開礦並搜刮海洋底層嗎？還是我們要用無人機和衛星監測海洋，停止非法捕撈，用機器人追蹤海水的鹽度、溫度和含氧量呢？

氣候變遷的時鐘正在一分一秒的過去。當政府和政治領袖還困在通過和強制執行政策以逆轉損害這種看似無盡的掙扎裡，企業挺身而出就是當務之急。

這種現象正在開始發生，頻率也愈來愈高。像由理查‧布蘭森爵士（Sir Richard Branson）與其他人共同創辦的B團隊（B Team）和B型企業（B Corporation）之類的非營利機構，正在網羅企業領袖帶領一場變革，打造永續和兼容並蓄的經濟，把人和地球放在第一位。他們幫忙傳播訊息，宣告致力於負責任、重道德、追求永續做法的企業，能夠為此得到報酬。就像聯合利華前執行長保羅‧波爾曼所說的：「這不是公司使命優於獲利。這是公司使命帶來更好的獲利。」那是因為把環境當成

利害關係人對待的企業，更可能吸引人才和顧客，他們對雇主、以及往來的企業，愈來愈要求提高當責。

致力於把環境當成重要利害關係人的企業，Allbirds是一個亮眼的例子。這家快速成長的製鞋新創公司讓「良心鞋」蔚為流行，它使用的毛料符合永續農法和動物福利的嚴格標準，製程消耗的能源比一般製鞋的合成材料低60%。Allbirds也和非營利機構Soles4Souls（靈魂鞋底）合作，把退貨的鞋子重新分配給全世界有需要的人。

巴塔哥尼亞（Patagonia）也致力於讓它的供應鏈對環境衝擊降到最低，並在它的服務中心、辦公室和零售商店裝上太陽能板、LED燈具和能源效率設備；它還捐出1%營業額給非營利環境團體。這家戶外服飾公司現在只讓重視保護地球的企業客戶使用有他們商標的服飾。

電子商務網站Etsy最近宣布全面改採碳中和貨運。這家網路零售商致力於購買碳補償額度，以100%抵銷因為包裹遞送所產生的排放量，因而為整個產業樹立黃金標準。其他全球企業巨人也接收到這個訊息，有超過250家企業，其中包括可口可樂、百事可樂和聯合利華，致力於在2025年之前讓所有塑膠包裝材料都採用可再利用、可回收或可分解的材料。

Salesforce不只是透過1-1-1慈善計畫支持追求環境變革的組織。2013年，我們努力達成100%的再生能源比，

而且自那時起在全球達成溫室氣體淨零排放，並為我們所有的顧客提供碳中和的「雲端」服務。讓我感到驕傲的是，光是在2018年，我們擁有超過8000名員工志願服務者的綠色團隊Earthforce，在他們的地方社區，為環保主張總共奉獻超過2萬個志工小時。

我們不只把這些價值觀灌注於我們的文化，也確實把它們內建於我們的基礎設施。舊金山的Salesforce大樓裝設有美國商業摩天大樓現場規模最大的水資源回收系統，每年節省數百萬加侖的水。這對我們來說很重要，因為我們加州總部位於一個常年受乾旱之苦的地區。

環境也是我個人的關注重點。2016年，道格拉斯·麥考利（Douglas McCauley）、我太太和我創立貝尼奧夫海洋計畫（Benioff Ocean Initiative）。麥考利是一位創新的海洋科學家，任職於加州大學聖塔芭芭拉分校，這是加州頂尖的海洋研究中心。我們為海洋開發一種研究醫院，全世界任何人都可以提交海洋健康的相關問題，號召生物學家、工程師、經濟學家和社會科學家團隊來研究這個問題。我們也籌資成立「海洋行動之友」（Friends of Ocean Action），這是一個由超過50位領導者組成的聯盟，而對於仰賴這些水域的生態系統所面臨最迫切的威脅，他們提供快速解決方案。

丹妮耶拉·費南德茲（Daniela Fernandez）領導的

「永續海洋聯盟」(Sustainable Ocean Alliance)，是我鼓勵、也是我支持的組織。它推動一項與新創事業合作的「加速器」計畫，這些新創事業擁有新科技和營運計畫，著重於提升海洋的保育和永續。

企業忽視或是漠視他們的行為對環境的影響已經太久，他們宣稱，要在文化、實務和商業模式裡建立永續性，不是「成本太高昂」，就是「邏輯上不可能」。但是，這些藉口再也站不住腳。如果你沒有為最重要的利害關係人（也就是地球）的利益著想，那麼你等於沒有為其他利害關係人的利益著想。

前聯合國祕書長潘基文說過，「我們是有能力終結貧窮的第一代，也是還能夠採取行動以避免氣候變遷造成最惡劣影響的最後一代。如果我們沒能履行道德和歷史責任，未來的世代會嚴厲判我們。」

當然，他是對的。但是，講到企業，我要再加一句。除非你要到火星上賣房地產，任何企業最重要的利害關係人就是我們現在所棲息的這個星球。這不是一廂情願的痴心妄想。請放大你的視野，自己去看看。

## 價值觀衝突

不用說，拯救地球這件事是世紀壯舉。儘管它是個

龐大的挑戰，但是它確實有個有利條件：環境是少數能在Salesforce得到全體堅定認同的議題。我們對於環境的付出，沒有任何一位利害關係人會有任何微詞，而我也承認，宣揚一個人人都相信的理念，實在是如釋重負（雖然只有那麼一下子）。遺憾的是，我們所面對的迫切議題，不是全都按照順序一件一件的來。

2018年6月，我和家人渡假時，公司持續以空前快速的步調成長。我們連續8年被《富比士》（*Forbes*）封為全世界最創新的企業之一。不久前，我們連續第5年蟬連第一大CRM服務業者。我們的股東也很開心，因為從2017年6月到2018年6月，我們的股價漲了58%。

然後發生我們與CBP合作的「公開信」事件。

客觀來看，他們不是唯一針對政府機關使用自家產品而採取行動的科技公司員工。那一年春天，4000名Google員工寫了一封公開信給他們的執行長桑達‧皮采（Sundar Pichai），抗議公司與五角大廈的合作計畫把人工智慧運用於戰場。「我們相信Google不應該涉足與戰爭相關的業務，」信中如此陳述。兩個月後，Google宣布與軍方的合作在2019年不再續約。

那一年，微軟的員工發布公開信，要求公司主管取消一項4億7900萬的美國軍方合約，陳述「我們拒絕為戰爭和壓迫創造科技」，並呼籲實施更嚴格的道德準則

以及監督措施。微軟回應道，它致力於提供科技給美國國防部，也會「繼續扮演積極企業公民的角色，因應AI和軍事相關的重大道德與公共政策議題。」

6月，亞馬遜員工給執行長貝佐斯一封公開信，要求他停止供應公司的臉部辨識科技Rekognition給執法機構以及其他政府單位，而貝佐斯駁回。「如果大型科技公司拒絕美國國防部，」他說，「這個國家就有麻煩了。」

前一年，白宮想要暫時停止開放幾個主要穆斯林國家的移民，我強烈反對，並詳述移民在Salesforce所扮演的關鍵角色，以及我們決心要保護所有來美國追尋更好生活的人。當川普政府宣布移民的零容忍政策，媒體開始報導被拆散的家庭時，我感到悲傷。一個家庭為了更好的生活而來到美國，卻遭到這種對待，這實在難以想像。我想到我的曾祖父以撒克·貝尼奧夫（Issac Benioff），他來到美國時是難民，於是我立刻捐款給協助邊境家庭的非營利團體。

美國人民來自許多背景和國家，我們是真正的大熔爐。每一年都有一些全世界最優秀、最聰明的學生來我們的學院和大學求學，然後等到他們畢業，我們送他們回到母國。我們不該這樣，我們應該做的是在每一張學位證書上釘一張綠卡，把他們留在這裡。美國的長期競爭與差異化優勢，可以用一個詞總結：移民。最終，一

個國家的差異化或是競爭力來源，不是AI，不是生物工程，也不是任何其他科技，而是它的人民。

6月14日，在讀到關於1500個移民孩童因非法越過邊境而遭到逮捕，然後塞進一座廢棄的沃爾瑪商場，我引用〈馬太福音〉的一句經文，發布在推特上：「耶穌對他說，『你要盡心、盡性、盡意愛主 —— 你的神。這是誡命中的第一，且是最大的。其次也相倣，就是要愛人如己。』」*我也寫信給白宮官員，促請他們終止這項可怕的政策，讓孩童與他們的家人團聚。

6月17日，我丟下電話和筆電，按照計畫去渡假。幾天後，這封公開信發布在Chatter上，我的幕僚長喬・波奇警示管理團隊，而由於我曾明白指示，除非是真正的紅色警戒級的緊急事件，否則不要打擾我，於是他決定靜觀其變，讓我先置身事外。接下來的幾天在安靜中過去。然後，那封信外流，混亂開始。

顯然，我挑了一個不恰當的時間完全失聯。一家企業如果有一位敢於直言的領導者，無論是在順境或逆境中，人們都期待聽到他的聲言。我創立的公司現在遭遇困難，而我這個人卻不見踪影。大家開始問：「為什麼馬克保持沉默？」

---

\* 　譯注：出自〈馬太福音〉22章37-39節，採和合本譯文。

6月27日，喬終於打了電話。「你看到最新消息了嗎？」他問。

　　「我要怎麼看到最新消息？我人在復活節島！」我說。「我沒有上線。我完全摸不著頭緒。」

　　「這個嘛，我們遇到問題了。」喬黯然的說。

　　在他迅速交待事情經過之後，我問他，他希望我做什麼。

　　「我們真的需要你發推特，」他說。「每個人都想要聽你親自發言。」

　　不用說，這通電話讓我很意外。我很確定，其中必然有些誤會；畢竟，我知道我們提供給CBP的服務，沒有用於隔離邊境的孩童。我告訴喬，請他向團隊轉述這項訊息的重點，並告訴他們，在我不在時處理這個情況。

————

　　我不會幻想Salesforce全部的利害關係人都會認同我在經營企業上的全部決策。可是，那封公開信是第一次有任何利害關係人公開反對我們的企業實務，質疑我們是否堅守價值觀。我從來不曾想像我們會走到那種境地，但是我們已經身在那種處境。我們不能選擇忽視這場爭議，但是前路艱難。

一方面，我們有義務支持那些覺得和CBP的業務往來違反平等價值觀、希望我們取消合約的員工。另一方面，Salesforce不會、也不能無故取消CBP的合約。這家機關是我們的顧客，我們對他們有責任，我們對股東和投資人也有責任。看起來，不管我們怎麼做，勢必都會有團體相信我們違反自己的頭號價值觀，也就是「信任」。在一群重要利害關係人的利益與另一群重要利害關係人的利益發生衝突時，孰者為重？

　　然而，這時還有另一群利害關係人開始介入，那就是我們的顧客。那封外流的員工公開信裡的最後一段呼籲公司：制定計畫，檢視我們全部產品的用途，以及產品用於為害作惡的程度。我們有些顧客，特別是在公領域的顧客，擔心這樣的計畫一旦實施，我們會輕易屈服於公眾壓力，當爭議稍微有點風吹草動，就取消合約，即使批判只是空穴來風。

　　他們不怯於表達這些顧慮。啟斯和我們的公部門事業部主管大衛・雷伊（Dave Rey），還有其他業務主管，都接到一些顧客的電話，他們想要知道由誰來決定他們的產品用途是有利或有害。判定標準是什麼，而又是由誰來定義尺度？每個顧客都必須被認定完全符合Salesforce的價值觀嗎？顧客可以相信我們不會決定抽掉公司的軟體，讓他們跌個猝不及防嗎？這很快成為一個

截然不同的信任問題，不但我們的團隊必須面對，也讓情況變得更複雜，因為它摻雜我們的另一個核心價值：顧客成功。

這件危機創下許多的第一次，Salesforce史上第一次面臨我們的三個核心價值觀落入看似對立的局面。因為重視平等，在有孩童與家人離散時，我們起而維護人權；為了追求顧客成功，我們成為一家幫助顧客成長的公司；還有，因為把信任當做基石，Salesforce是一家遵守它的價值觀和承諾的公司。

這個時候，對於我們應該怎麼做，每個人都在看，也有許多相互衝突的聲音。我知道我必須深度傾聽我們的利害關係人，思維保持透明，但是想到這場對話可能的走向，我感到惴惴不安。自公司成立至今，產品「用途要合於道德與人道」是我們歷來不曾處理過的主題。

隨著愈來愈多新聞機構得知這起事件，Salesforce發布一則簡單、符合事實的聲明，表示我們的CBP合約與邊境的家庭離散事件無涉，並且重申Salesforce重視眾人平等。這是百分之百真實的陳述，但是同時，我們簽下CBP這個顧客，無疑讓我們與這個組織影響到的每個人意外有了關聯。第二天，啟斯發布另一項聲明，宣布Salesforce會捐款100萬美元給幫助離散家庭的組織，並按照員工捐款等額加碼捐款，以擴大我們的影響力。

成為這麼多目光的焦點，我最後決定打破自己無聲假期的約定。「我反對拆散孩童與他們家人的邊境行動。這是不道德的。」我用太太的手機寫訊息，再由喬發布在Chatter給全體員工：「我聽到歐哈那的憂心，而我為所有籌畫行動以支持邊境家庭的員工感到驕傲。」

　　最後一句話並不是欺哄。它出自我全部的真心。我自豪有員工因為關切而發聲，並質疑Salesforce是否在做對的事。我們當時3萬2000名員工的一小部分人所簽署的這封信，我知道不能等閒視之。他們在做的，正是我們每天都在談論的事，也就是成為一家活生生、有呼吸、以價值觀為導向的企業裡的一份子，一如我之前提到的，因此我一收假就和這些員工通話。

　　在視訊會議裡，把信任和道德的字句調動，變成令人不安與質疑的公開信作者，有力但細膩地指出，我們產品用途符合道德的必要，他們對於Salesforce的科技被CBP使用有多擔憂，還有他們對於邊境的人受到不人道對待有多關切。同時，他們似乎想讓我知道，他們信任公司的領導，也相信公司最終會做對的事。

　　我仔細傾聽他們4個人的發言，反覆咀嚼我聽到的話。突然間，我體悟到CBP不是這場對話唯一的重點。沒錯，CBP合約是打開對話的原由，但是這場對話其實關乎更重要的事：是我們的文化需要演進，就像其他文

化一樣。具體來說，我們需要一個方法，即使在價值看似彼此對峙之時，也能確保我們忠於核心價值觀。這些員工和他們所代表的數百名員工，真正想要的是公司設立一個新流程和一套新準則，現在用來評估我們的合約，未來據以判斷顧客是否用我們的科技作惡為害。

突然間，情況開始稍微變得熟悉，價值觀的衝突變得稍微不那麼棘手。我們的關鍵利害關係人之一（也就是我們的員工）發現一個問題，就像他們之前發現薪酬平等和LGBTQ平權議題一樣。而他們最後幫忙擬出極佳的解決方案。

這場視訊會議後的幾週，我花很多時間傾聽顧客、員工、投資人和其他利害關係人，包括接受我們捐獻時間、金錢和產品的非營利機構。這些討論讓我看清楚，我們需要怎麼重新校正流程，來判斷我們科技的用途是否合乎道德，以防止不樂見的結果。

大約在同一時間，有一個大約50人的團體參加Salesforce大樓前的抗議活動。他們舉著我的相片看板，把我的名字編進各種貶損的口號裡，譴責我是個偽君子，一手捐數億美元給UCSF貝尼奧夫兒童醫院，另一手卻把孩童推進邊境的鐵籠。

在電視上看到這些照片，或是社群媒體上對我的抨擊，我當然不開心。若不是我在之前的抗爭裡練就一

身銅皮鐵骨，我不確定自己能不能挺過這一遭。我在冥想時間努力專注於我知道的真相：在這次事件中，Salesforce是否被扭曲抹黑，都不重要；重要的是，我們有責任清楚闡述產品用途的道德準則，基於這點，我們又往前邁進一步。

　　7月26日，我在Chatter向員工發出聲明，宣布我們的平等辦公室會有一個新單位，叫做「道德與人道用途室」（Office of Ethical and Humane Use）。它會與主責企業治理的道德與誠信辦公室合作。我們會任命「道德與人道長」，其轄下的全新團隊會與我們所有的利害關係人以及產業團體、思想領袖和專家合作，建立、倡議並實施讓科技用途合乎道德的產業標準、準則和活用的架構。

　　第一任道德與人道長是寶拉・高曼（Paula Goldman），她自述她的任務是為我們的科技發展擬定一個策略架構，不只推動顧客的成功，也能促進正向的社會變革，並嘉惠人類。

　　我們都知道，科技在本質上沒有善惡之分。和我們的文字語言相仿，科技只是一種工具，真正重要的是你怎麼使用它。到頭來，確保科技的運用合乎道德是任何企業的核心職責。

　　因此，下一次再有關於我們科技用途的議題出現時，我們不會只依賴直覺，或是跟著當時的政治風向

走，或是被迫在我們的核心價值觀裡做取捨。相反的，我們現在有組織編制，成立成員背景多元的專家顧問小組，並建立流程，評估我們科技的用途。

我有信心，當我們權衡科技用途是否合乎道德和人道標準時，所有利害關係人的聲音在未來都會被聽到。但是，更重要的還是我們安然度過危機，而且變得更強大。這一次，原本可能扼殺我們的事物，變成我們的救生圈。當然，我指的是我們的價值觀。

儘管歷經所有內部煩憂、媒體喧鬧、抗議活動和對話，我對於按下警鈴的利害關係人實在感激得不得了。

CBP危機是個令人痛苦的提醒，即使你可能自認為在傾聽所有利害關係人這件事上做得很好，存亡危機還是可能在頃刻間冒出來。這一課相當簡單：**你不能拿信任當賭注。**你把罐子裝滿彈珠，不是為了禁得起偶爾掉個幾顆。

每一天，每個意外事件，每種複雜的情況，都藏著可能致命的錯誤，讓你打翻一整罐彈珠。不過，這同時也是一個機會，證明你對於價值觀有多堅定，還有你有多麼注重公正對待所有的利害關係人。

訣竅在於把你用來取景的相機設定成「風景」模式，才能盡可能拍下最完整的照片。

# 11

# 行動派執行長

## 表態是責任

要建立一家睿智、永續的企業，第一條守則就是學習消除自滿的方法。今日大部分位居領導角色的人都把自己訓練得常懷遠慮，即使是艷陽高照、晴空萬里，我們也會為遠方那點點幾朵雲而擔心。我們召開策略會議。我們滿腦子都是最糟的情境。我們指著一疊A股憑證起誓，我們出門絕對不會不帶傘。

然而，無可避免的，我們還是有出門沒帶傘的時候。

關於企業，我注意到最令人費解的一件事，就是周邊地帶總是有問題在蠢蠢欲動，這些問題潛藏著威脅，有一天可能會傷害公司，但還是沒有任何「長」字級的主管點明它們。

這些問題通常沒有特別難捉摸之處。它們通常是員工自由談論的事物，即使大部分經理人都故意忽視它們，以免被拉去帶領某個耗費時間的任務小組。我們轉過頭去、我們找理由開脫、我們聲稱這些問題都超過我們的控制範圍，都不屬於我們的職責領域，我們就這樣安慰自己。我說的不只是公司內部的問題，也是公司周遭社區裡的問題，像是我們岌岌可危的公立學校和正在崩垮的基礎建設。

即使是以善為本而成立的企業，隨著它們成長為更複雜的有機體，內部也可能會發生這種事。企業的創辦人被問題追著跑而窮於應付，困在他們所打造的泡泡裡

（甚或更糟的是，刻意躲在裡面）。曾經為創新和規模擴張而付出的所有心力，可能會移轉到另一項更重要的事，那就是保護自我和求生存的決心，只願隨波逐流，而不是奮力泅泳。

無論是大難或小厄，當每個冒出來的危機開始像是存亡關頭的威脅，保持現狀就變成目標，只要偏離這個目標，都可能會觸發公司內戰。

2018年夏末，我認為我主動解決其中一個議題的時候到了；對有些同儕來說，這個議題或許還在周邊視野範圍，但是在我來看，卻已經在前方迎頭朝我而來。我指的是每天都會遇到、存在多年、快速惡化的舊金山街友危機。

在一座遍地創新和財富的城市，卻有這麼一群人，連最基本的人類需求都無法得到滿足，而且人數多到令人咋舌。我一輩子都住在舊金山，街友一直都是這個城市的一景，但是就我所見，情況從來沒有這麼糟糕過。舊金山大約有7萬5000個人和超過1200個家庭無家可歸，流落街頭，其中包括1800個就讀公立學校的孩童，他們當中很多人就住在離Salesforce大樓幾個路口遠的街道上。帶著孩童的家庭住在車裡、住在市立公園的帳蓬營地上、住在人滿為患的街友收容所裡。許多街友患有精神疾病、染上毒癮。人行道上到處都散落著海洛因針

頭和排洩物。

遺憾的是，這個危機並非是我們這座城市所獨有，在像是西雅圖、舊金山等地，到處都看得到街友。隨著高房價讓更多人流落街頭，街友問題也變得雪上加霜。紐約市有將近11萬5000個學校孩童（也就是公立學校每10個學生當中就有1人）在過去這個學年裡，是住在暫時居所，這個數字創下歷史新高。

加州大學柏克來分校有一項研究發現，舊金山地區的衛生狀況比貧窮的發展中國家還要惡劣。2018年，一位來訪的聯合國官員說，這個城市的街友所面臨的艱困處境，讓她「震驚莫名」。可是，我們這些新數位經濟大師，安坐在我們的Uber車和電動車裡，認為這些怎麼說都怪不到我們頭上，同時也覺得自己無能為力。

2017年，Dreamforce大會開幕前幾天，我走在大會舉辦場地的莫斯康會議中心附近的第三街。街上汙穢不堪，到處都是垃圾、排洩物和毒品注射物品。這幅景象就是最好的證明，顯示我們必須採取嚴正的行動，處理街友危機。市長保證會清理Dreamforce周邊的道路，但是我當下就知道，那是不夠的。這些街道不能只有在我們辦活動的時候變乾淨，而是要隨時隨地都為所有的居民保持整潔。

下一年，當我們高聳的Salesforce大樓落成啟用，

我非常清楚的意識到（也覺得非常汗顏），我們在雲端的棲處與在61層樓下的街道，是多麼強烈的對比。在我們的歐哈那樓層，員工啜飲著咖啡師手作的新鮮濃縮咖啡，這個城市令人摒息的美景盡收眼底，耳邊還傳來陣陣音樂，輕快的樂音在戴著紳士帽的鋼琴師指下流洩而出。然而，就在高樓腳下的人行道上，數千個無家可歸的街友在垃圾桶裡翻找，有些人患有身體與心理的疾症，被迫在要價數百萬美元的華廈和豪華的辦公室大樓之間穿梭行乞。

我沒有盲目到看不見街友現象及其背後更普遍的經濟不平等，可能會對於我的公司、甚至是矽谷和舊金山整個商圈的未來前景產生重大影響。在舊金山，數位革命所有的負面副產品，最後化身為這座城市的高房價，除了少數鍍金階層能夠負擔，絕大部分庶民都高攀不起，而高房價又回過頭來變成遙不可及的機會。這種發展的結果，無益於我們的同儕，包括我們有些顧客和員工，還有造訪舊金山的數百萬人。然而，同樣的一場數位革命雖然賦予我們這麼多財富，但是我們創造財富所產生的那些刺眼的副產品，科技業卻沒有一個人盡力去解決。

在舊金山，一個悲哀的真相就是，這個危機的主要始作俑者就是科技業。我們眾多的高薪工程師和經理

人，把不動產的價格推上天，在我寫作本書的2019年，一房公寓的平均月租金將近3700美元，住宅價格中位數是160萬美元，創下歷史新高紀錄。這些都讓平價住宅愈來愈少，勤奮工作的中產階級實在是住不起這個城市。

當然，這些不平等不是從舊金山開始，也不會在舊金山終結，但是舊金山似乎是「煤礦坑裡的金絲雀」，預告著如果我們不開始解決不平等加劇的有害苦果，將來要面對什麼樣的光景。以全球來看，根據樂施會（Oxfam）*的資料，在2018年，地表上最富有的26人身家財富相當於全球最貧窮半數人口（大約是38億人）的財富總合。地球上大約有一半的人，一天只有不到5.5美元可以生活。就連在美國，也有40%的成年人拿不出400美元現金以支應意外的開銷。加州大學舊金山分校的研究指出，在5歲前沒有機會得到適當的教育和衛生醫療的孩童，終其一生都會處於弱勢。

我們所有人都應該關心這件事，即使我們誤以為它不會直接影響我們。因為現實世界擺明著告訴我們，不受控制的資本主義不能讓人人受益，即使是從中坐收優渥財富的所有企業也不會嘉惠所有人。每出現一個街友，就代表又少一個受教育、加入工作人力或對在地經

---

\* 　編注：國際發展及救援的非政府組織。

濟和社區有貢獻的人。不平等的鴻溝構成讓我們分裂、兩極化的條件，也激化了衝突。

但是，就算像我們這樣的企業正是問題的主要成因，並不表示我們不能成為解決方案的一部分。

多年來，我一直與慈善組織合作，努力供應流浪家庭一些他們缺乏的基本需求。我曾與市長和其他城市官員密切合作，改善舊金山的公辦教育和公共衛生。Salesforce成為舊金山聯合學區最大的民間資助人，也是奧克蘭聯合學區最大的單一年度捐款人。但是一直以來，街友問題似乎只有每況愈下。

這項危機需要立即而持續的資金挹注。我們已經過了依賴慈善捐款的階段，因為在更值得或更風行的理念出現時，原來的慈善捐款通常會慢慢枯竭。舊金山需要全面變革，為街友問題的解決方案籌資，而政府和慈善機構無力負擔這筆經費。唯有我們城市的營利機構（其中有許多都受惠於在此地設立公司的稅賦減免），可以化解這個兩難。

我不斷和共同創辦人和其他企業執行長談論街友的事，我問他們，他們認為這個問題會怎麼收場？如果舊金山不能滿足市民的基本需求，他們真的認為這個城市還能穩坐世界科技之都的寶座嗎？他們真的認為選民不會受夠這一切、要求採取行動嗎？如果造成這個失衡方

程式的人不參與解答這道問題，那麼誰應該負責呢？

　　但是他們有許多人似乎仍安於《贏家全拿：史上最划算的交易，以慈善奪取世界的假面菁英》（*Winners Take All: The Elite Charade of Changing the World*）一書作者阿南德‧葛德哈拉德斯（Anand Giridharadas）所稱的「非民選上流階級」（unelected upper crust），就在我們應該扛下以制度變革來改變世界的嚴肅工作時，卻讓我們的大眾和機構靠著「撿贏家的破爛」過活。

　　2018年的秋天，我看到一個能有所作為的機會，不只有可能發揮真正的影響力，也能傳達一則強而有力的訊息，點出企業在因應社會問題時所扮演的角色。頂著《財星》500大企業執行長的顯眼光環，我相信我的責任不只是使出渾身解數來解決這個問題，還要公開這麼做。我的當務之急就是讓所有的員工、顧客和同儕看到，行動主義（Activism）不只是庇護者、慈善家或非營利機構的關照範圍。今日在工作場所的每一個人都有責任、也有能力改善世界的狀況。

　　我和共同創辦人在Salesforce還沒有雇用任何一個員工之前就決定，回饋的承諾必須是我們文化的核心信念之一。我已經看到，這個決定的連漪效應在全公司引起多麼強而有力的迴響。但是，現在到了加碼的時候。我知道，在解決街友危機之戰中扛起大旗，能夠為我們的

核心價值「平等」定調，為我們的付出再次注入新意和活力。

11月，舊金山市要舉行投票，表決一項安置遊民方案；這項名為「C提案：我們的城市，我們的家」（Proposition C: Our City, Our Home）的議案，只針對舊金山地區像是Salesforce這樣的大型企業提高公司稅，以籌措資金，挹注於這個問題，求得更長遠的解決方案。具體來說，這項後來大家所稱的「C提案」會對Salesforce和舊金山其他大型企業課徵0.5%的稅（課稅對象是年度營收超過5000萬美元的企業），每年可以徵得3億美元的新增資金，支付街友的居所和服務。個人和中小企業都不是這項稅賦的課徵對象。

在我看來，這項計畫是完全不需猶豫的義舉。身為舊金山最大的雇主，我們必須清楚表態，站定明確的立場：我們是要為街友付出，還是只想到自己？

我決定要為推動C提案過關盡一己之力。我知道，如果我真心相信，不只是在未來，企業**現在**就是最有力的變革平台，那麼眼前就是證明這個信念的時刻。我知道，身為一家致力於追求眾生平等的企業，我們必須支持C提案，我們的經營管理團隊和員工也都同意。

我為C提案爭取選票所做的努力，是從小地方起步。我三不五時在推特上發文，因為我清楚看到這個機

會以及這個關頭的重要性，C提案成為我的優先事項。

我在中國城的催票大會裡演說，與我們當地國會議員南西‧裴洛西（Nancy Pelosi）向數百位舊金山市民演講（她不久後連任眾議院議長）。我舉辦早餐會與晚餐會，招待社運人士和維權人士，接受當地與全國電視新聞節目的訪談。我檢視民調資料、貼標語牌、在推特上發表活動口號，也會別上政治徽章。

期中選舉接近，C提案的命運未卜，我完全埋首在一場公眾熱辯裡無法抽身。在我看來，為了街友，為了舊金山每個人，也為了Salesforce，C提案是必要之舉。

為了攸關我們利害關係人的訴求而奮鬥，也是執行長的工作，重要性不亞於準備季度分析師說明會。保護我們社區的健康也是企業營運的重要事項，不亞於把創新科技傳遞給我們的顧客。

沒錯，我準備好面對衝著我來的撻伐聲浪，我知道我會遭遇攻擊。即使這座城市裡幾乎每一個科技業執行長與科技富豪都聯合起來反對我，那也沒關係。我心裡從來沒有一絲動搖，這主要是因為從過去那些社會正義之爭裡，我已經學到（雖然是慘痛的經驗），我們的員工、顧客、投資人和伙伴不只會支持我插手管這件事，他們還非常樂意把我推進戰火最猛烈的地方。

但最重要的原因是，我們的命運彼此交織。凡是有

利於街友的事，也會有利於我的公司、我的社區，和我的城市。

## 企業社會行動主義新時代

2015年秋天，我應邀在《華爾街日報》限定受邀者參加的年度科技研討會演講。宣傳新聞稿把這場活動譽為一場高峰會，來自全球的科技領袖、政策制定者和創業家齊聚一堂，「關注今日數位世界的全球展望與挑戰」。

我的登場方式是在台上接受訪談，訪問人會由《華爾街日報》的一位編輯或記者擔任。我問我的公關吉娜・雪布蕾（Gina Sheibley），訪問我的人是誰。答案是莫妮卡・蘭利（Monica Langley）。「沒聽過這個人。」我答道，並請吉娜去換一個資深的科技記者上場。可是，吉娜向我保證，她對莫妮卡做過研究。她是這家報社的頂尖作者，寫過執行長、富豪和總統候選人的頭版專題報導。我勉強讓步了。

研討會當天早上，莫妮卡和我先短暫會面，這樣等我們上台後才不會完全陌生。

「你好，馬克，」她說。「我希望我們的訪談會很有趣！」我沒有意見，但是她的下一句話卻讓我立刻愣住。

「我想先把焦點放在你不久前在印第安納州做的事，也就是爭取LGBTQ平權。」她說。「還有，順便一提，」她又補一句，「我會用『行動派執行長』介紹你。」

　　我一開始的反應是困惑：等一下，我心想，這不是一場專業的**科技**研討會嗎？我相當確定，在場的200名聽眾來這裡是為了聽我談雲端，或AI，或是我對於數位未來的願景。在一場現場訪談（更別說還是在科技研討會上）談我們推翻歧視法的抗爭，讓我感覺自己不像是個執行長，而是個不折不扣的政治人物。

　　此外，我不喜歡「行動派執行長」這個詞，其實可以說是一點好感也沒有。第一個原因是，它給人的觀感會因為說的人而迥異，而遺憾的是，如果是從我的圈子裡大部分人的嘴巴裡說出來，那可算不上是什麼讚美。

　　第二個原因，是我對這個名詞所潛藏的想法，有著發自肺腑的負面反應，彷彿是我在做的事情過於破格，或是與正規類型的執行長大相逕庭，所以才需要一個特別的標籤。顯然，我從來不曾服膺這樣的觀念：一旦你成為執行長，穿上西裝，你就必須把你的性格、價值觀和基本人性裡的某些面向先放在門外。可是，我就是拒絕這麼做，而我知道公司會因此變得更好。

　　如果你看一下本書封面，你會注意到我的共同作

者，正是這位封我為「行動派執行長」的莫妮卡‧蘭利。

　　所以，你可以準確的推測到，如果我們一起寫這本書，那麼即使我對這個名詞表示抗議，我當時應該還是和她一起上台。沒錯，你也可以推想得到，她問我在印第安納州（還有喬治亞州和北卡羅萊納州）的LGBTQ平權抗爭。幾個月後，莫妮卡寫了一篇《華爾街日報》的頭版報導，詳述「行動派執行長」馬可‧貝尼奧夫如何「開啟企業社會行動主義的新時代」。

　　但是，在接下來一年，這個說法漸漸博得我的好感。更精確的說，是我愈來愈喜歡它。2017年，我邀請莫妮卡加入Salesforce擔任經理人。她看穿我的防衛，看到我真正要成為什麼樣的執行長。

　　隨著時間過去，我愈來愈深信，世界上的執行長有兩種：第一種是相信改善世界也是他們的使命；第二種就是認為自己除了交出成績給股東之外，就沒有其他責任了。

　　在過去，我會說第二種執行長占絕大多數。他們唯一會沾惹政治的時候，幾乎全部是為了自己的利益；他們從事政治活動，從頭到尾都是雇用遊說人員，或捐款給政治行動委員會，以影響稅賦或全球貿易等議題的政策走向。他們嚴格善盡對股東的受託人責任，至於他們的員工、社區和整個世界，都放在後面。

我無法容忍那種本能，但我完全可以理解。回想1980年代，當我還是個商學院學生時，就讀過經濟學家傅利曼的不朽名言：「企業只有一種社會責任，」他在《資本主義與自由》（*Capitalism and Freedom*）一書裡寫道，答案當然是「增加企業獲利」。

　　1970年，在一篇發表於《紐約時報》的文章裡，傅利曼更進一步主張，宣稱企業「有責任提供就業、消除歧視、避免汙染或以任何其他（時下）流行用語為目標」的經營管理者，都是「傷害自由社會根基」的罪人。

　　我沒有不敬的意思，但是傅利曼錯了。在當時，他是錯的，換成今天的環境，他是錯上加錯。企業的經營不只是為股東創造獲利。我們確實太龐大、太全球化，太深入人們的日常生活。沒錯，我們的事業是為了增加獲利，但是我們的事業也是為了改善世界，並增進**利害關係人的價值**，而不只是股東價值。這不只是因為追求所有利害關係人的利益於心靈有益，也是因為這麼做對公司有利。

　　統計資料證實這點。在尼爾森公司（Nielsen）所做的一項企業社會責任調查裡，這些跨越60國的網路購物者，有66%的人表示，對於致力推動正向社會與環境影響的企業，他們願意為產品和服務多付一點錢。2018年德勤千禧世代調查（2018 Deloitte Millennial Survey）發

現，千禧世代相信，衡量企業成功的指標應該不僅止於獲利，他們提及的指標包括創新觀念產品和服務的創造；對環境與社會的正向影響；創造工作、職涯發展，並改善大眾的生活；還有以促進工作場所的包容性和多元性為優先事項。根據2019年艾德曼信任度調查報告，75%消費者說他們不會向不道德的公司買東西，而有86%的人表示，他們對於講求道德的公司有較高的忠誠度。

《財星》雜誌的2019年執行長倡議調查（CEO Initiative 2019 survey）涵蓋1100名經營管理者、主管和員工，其中有87%的人同意，對於企業的道德領導力，需求更高於以往。然而，身為員工的受訪者，只有7%表示他們的領導者經常或總是展現道德領導力的行為。信念與行動之間的落差仍然有如鴻溝，企業的領導者若不能親身實踐諸如平等和信任等價值觀，企業將為此付出代價。在這個即時數位回饋的時代，企業的員工、顧客和他們營運所在的社區所重視的議題，企業和他們的領導者無法再視而不見。

近年來，有愈來愈多執行長開始就社會和政治議題發聲，這並不是巧合，就算沒別的原因，這也是攸關存亡的大事。我們就正視事實吧，由於政府和其他權力機構深陷於政黨立場、邊緣政策與長期僵局，愈來愈寸

步難行，因此企業的參與就變得愈來愈必要。我在第3章討論信任危機的深化，還有我們面對愈來愈嚴重的教育階層落差、所得不平等和大規模的環境挑戰，都讓我們不可能放棄責任，袖手旁觀。

誠如貝萊德的賴利・芬克所寫的：「利害關係人正在催促企業介入敏感的社會和政治議題，尤其是因為他們認為政府無法發揮效能」，還有「隨著分化持續加深，企業必須展現他們對營運所在的國家、地區和社區的承諾，特別是那些影響世界未來繁榮發展的核心議題。」

那就是為什麼我們的企業蘊藏著成為最重要的變革平台的潛能。只要思考以下這個事實就好：營收排名全球前百大的主體，有70%不是國家，而是企業。我說的是像沃爾瑪、蘋果、三星和埃克森美孚這樣的公司。在這類企業工作的人，上自執行長，下至新進員工，不只有責任、也有資源、經濟實力和默許的認可，勇敢參與社會議題，並實現真正的變革。

2017年，川普政府針對7個主要穆斯林國家祭出禁止公民和難民入境美國的禁令之後，我就親眼目睹這樣的表現。包括Salesforce、臉書、微軟和Google在內，有超過175家企業訴請美國最高法院駁回禁令，因為它會致使「美國企業、員工和整體經濟蒙受重大損害」，並

讓「美國企業雇用全世界一流人才變得困難重重、成本高昂，妨礙它們在全球市場的競爭。」

遺憾的是，最高法院准許修正版的旅遊禁令成立，但是我們的發聲有助於轉變全美國的對話，吸引對這個議題的資金挹注和關心，並激發更大的反對聲浪，對政府政策樹立實質的法律挑戰。

川普政府退出因應氣候變遷的「巴黎協定」、廢止童年入境者暫緩遣返辦法（Deferred Action for Childhood Arrivals，DACA）時，激發了從奇異到蘋果等許多企業的執行長和領導者挺身發言，反對那些政策。例如，迪士尼執行長鮑伯・艾格（Bob Iger）就抗議白宮退出「巴黎協定」的決策，並在聲明裡說到：「保護我們的星球與驅動經濟成長，對我們的未來都很重要，它們並非互不相容。」接著，他辭去在總統事務委員會裡擔任的職務。

默克藥廠執行長肯尼斯・弗雷澤、通用汽車執行長瑪麗・芭拉（Mary Barra）和IBM執行長羅梅蒂等人都是川普總統的策略與政策論壇（Strategic and Policy Forum）當中的幾個成員。當維吉尼亞州夏洛茨維爾（Charlottesville）爆發暴力事件，白人民族主義團體的成員駕車輾死一名女性，而總統堅稱這是「多方」的責任之後，他們帶頭請辭，顧問團也隨之瓦解。

企業在撕裂社會的重大議題上公開採取立場，這樣的例子並不少見。2018年2月，佛羅里達州帕克蘭地區（Parkland）發生學校槍擊案，造成17個人喪生的悲劇之後，達美航空終止給美國步槍協會（National Rifle Association）會員參加槍枝團體活動大會的搭機優惠。有些人仍然抱持一種過時的觀念，認為一家公司的工作純粹是提供投資報酬給股東，在面對這些人的批評時，艾德‧巴斯蒂安（Ed Bastian）告訴《財星》雜誌：「我們的決策不是為了經濟利益，我們的價值觀是非賣品……我不是想要成為政治家，我不是想要成為社運人士，我想要的是經營全世界最佳的航空公司。身為全世界最好的航空公司，我們對顧客、員工和社區伙伴負有一份責任。」

　　有時候，執行長明知要付出經濟代價（可能會流失部分顧客），還是必須做決策。但是不用懷疑，還是有很多（就算不是更多）的顧客會留下來，因為人們想要與自己重視同樣事物的企業往來。

　　長久以來，我一直深受聯合利華退休的執行長保羅‧波爾曼的啟發。他在位時就把行動主義融入他的企業策略。他敢於直言倡議企業生產更健康的產品、改善勞動條件和採用可再生能源。他曾說：「我們必須讓這個世界恢復清醒，把公益放在私利之前。」聯合利華在

他擔任執行長的10年之間，股價成長為兩倍多，再次證明顧客也會把錢花在支持他們所相信事物的公司身上。

《哈佛商業評論》2018年有一篇文章，或許是總結這些趨勢寫得最好的文章，文中指出，「執行長行動主義已經成為主流。」根據該文作者亞倫·查特瑞吉（Aaron K. Chatterji）和麥可·塔佛（Michael W. Toffel）的論述，這不過是新典範的第一波。

「執行長對社會和政治議題愈敢直言，就愈會被寄予發聲的期望，」他們還寫到，「在推特年代，沉默更引人注目，也更容易導致重大後果。」

企業愈來愈禁不起在困難議題裡缺席，原因就是企業員工的要求。2019年艾德曼信任度調查發現，接受調查的員工當中有71%表示，公司執行長參與重大挑戰議題極為重要，而全部受訪者當中有76%表示，他們希望執行長帶頭解決社會議題，而不是等政府介入。忽視這些當務之急的企業，不只會與客戶和消費者疏離，也會與頂尖聰明的一流人才絕緣。

我們過去一向認為顧客、員工和社區（在地和全球，以及介於中間的各種社區）是不同的選民團體。但是，他們其實並沒有那麼不同。他們都是我們企業所效力、更廣大的生態系統的一部分。他們現在聯合起來要求我們，不只要給他們想要的創新產品，也要兌現承

諾、支持他們所關心的價值觀。

## 我們的公民義務，我們的企業責任

已經有數百家企業證明，獲利與行善並非對立。那就是為什麼C提案在2018年秋天出現時，我不再有一種孤單的把石頭推上坡的感受。不過，我的感受並不完全正確。

我承認，我對於街友的支持是出於個人因素。本書一開始會讀到，我在童年時會和外祖父馬文・路易斯一起在城市裡散步，在散步途中，他施捨給街友20美元紙鈔的舉動，讓我非常訝異。外公在擔任監督委員時，也挺身維護街友的權利。關於外祖父的生平，我最喜歡的一個故事是他曾經想要在舊金山市監督委員會的會議裡，播放一部描寫街童的短片，片中的孩子們住在「離這座城市最高級的購物區只有幾個街區遠的地方」。市長阻止他這麼做，但是外公從來不曾放棄爭取。

因此，當我和太太琳恩開始幫忙終結街友的困境時，尤其是舊金山無家可歸的家庭時，或許我不過是在模仿我外祖父而已。2011年，我們在《舊金山紀事報》讀到一篇吉兒・塔克（Jill Tucker）寫的報導，講述四年級街童魯迪（Rudy）的故事。她描寫到，魯迪和弟弟

及雙親在街友收容中心、公車候車亭和公園過夜。在週間，他要搭兩班公車去上學，又累又餓。

自那時起，琳恩和我捐出將近2000萬美元，資助這個城市提供給街友的居所和服務。2016年，我們等額捐款1000萬美元給舊金山市的返家計畫（Heading Home Campaign），終結流浪家庭；2018年，我們捐600萬美元給布里斯托旅館住家計畫（Bristol Hotel Housing Project），把舊金山田德隆區（Tederloin）的一家旅館改造成街友之家。Salesforce.org也捐出將近600萬美元幫助街友不再無家可歸。

多年來，我也努力說服其他人加入我們的行列，懇切向這個城市裡幾乎每個高資產淨值者*說明我的理念。但是，我後來明白，徒有慈善事業，不足以支應真正改善街友和其他社會問題所需要的系統性變革。

我不期待科技圈會對C提案無條件背書，但是看到那麼多企業和個人斷然拒絕支持新稅法，我還是感到相當意外。包括Lyft、Stripe等公司，還有像麥可·莫里茨（Michael Moritz）、保羅·葛雷翰（Paul Graham）等創投家，還捐款給「對C提案說不」活動。其實，有些人甚至打電話給我，要我加入反對的陣容。我聆聽他們

---

\* 　編注：扣除自住房產後，資產淨值逾100萬美元的人。

那些立基於商業觀點的論述。他們說，C提案的當責性不足，還說藉由向公司徵稅來解決問題，此例一開，以後就沒完沒了。它可能導致未來為各種社會問題開徵更多稅。有的人從公關角度來看：冒著孤軍的風險支持加稅，簡直是企業自殺！但是我認為，街友危機是我們城市必須處理的重要問題，所以我們必須支持它。

我的回應是請任何願意聽我說的人，看看我們14年的股價走勢圖，這張圖證明我們的投資人並沒有抱怨Salesforce回饋於我們生活和工作所在的社區。正好相反：即使是整體市場跌到10年低點的2018年，我們的股價增長31%。自從在2004年成為公開上市公司，截至2018年6月為止，我們為股東實現3300%的報酬。這些都是獲利與行善相容的明證。

有些反對C提案的企業宣稱，他們主要的顧慮並不是為了自己的獲利空間或股價，他們反對這個議案是為了這座城市好！根據這種倒退的論點，對他們超過5000萬美元的收入課徵這少少0.5%的稅，會讓租金變得更高不可攀，把他們的公司連同他們創造的工作、他們付的稅金一併趕出這個城市。我懷疑他們的邏輯，他們居然不覺得街友問題是事關企業和社區生存的威脅，嚴重程度更勝於相對不痛不癢的加稅，這點也讓我不解。

我認為我的產業領袖同儕都曾密切關注亞馬遜在

西雅圖成功擊退企業稅議案的事。但是，我決心不要讓他們有樣學樣，按照亞馬遜的腳本走。我很感謝幾位商業領袖公開支持C提案，其中包括思科執行長查克·羅賓斯（Chuck Robbins）和創投家彼得·芬頓（Peter Fenton）。

可是，直到投票日11月6日，C提案仍然是一項資金不足、不被看好的議案。所以我召集我的人馬，我向Salesforce的經營管理團隊提出一項計畫，團隊成員很快就表示同意：身為一家致力於實踐我們價值觀的企業，Salesforce要捐款500萬美元支持這項活動，而我為這項議案捐款200萬美元。我們的政府、法律與公共事務部門的員工也跳下來參與。我們製作電視廣告，促請選民投票贊成這項議案，並指出一般居民個人完全不必掏一毛錢資助街友計畫，這項稅賦只會對像我們這樣的大公司課徵！

投票前一個月，民調顯示C提案不會過關。於是，我展開宣傳，馬不停蹄的發送推特、上媒體曝光，並發表演說。我承認這麼做很累，但是我盡全部的力量，不顧一切的想要扭轉C提案的結果。

宣傳C提案期間，指引我的是舊金山這座城市的命名典故 —— 主保聖人聖方濟（Saint Francis of Assisi），我深受他的這些話所鼓舞：「在黑暗之處，願我們引

光……在絕望之處，願我們帶來希望。」還有，「因為我們是在付出中得到收穫。」

　　說來也實在諷刺，最後讓風向改變，開始有利於C提案的，是一位科技公司執行長的反對發言。11月6日投票日前不到3週，科技寵兒公司推特和Square的創辦人傑克・多西（Jack Dorsey）在我許多支持C提案的推特發文中的一則留言回應：「我想要幫忙解決舊金山與加州的街友問題，」@jack發推特道，「但我不相信這個（C提案）是最好的辦法。」

　　我立刻回覆：「嗨，傑克，」我推回去，「謝謝你的回應。你支持我們這個城市的哪項街友計畫？推特和Square和你支持的是什麼？你們又為此花多少錢？你能告訴我嗎？我們讓每個無家可歸的孩童不再流落街頭的3700萬美元返家計畫，那裡頭有多少是你的捐款？」我已經知道答案：0。

　　接著，我指出傑克為推特和Square創造500億美元的市值，個人有60億美元入袋，同時還因為在這座城市的交通要道市場街設立辦公室，並因而享有特別稅賦優惠。「他的公司和（他）個人究竟回饋多少給我們的城市、我們的街友計畫、公立醫院和公立學校？」我字句鏗鏘的問道。

　　當然，媒體逮住這個機會，大肆報導我們的「推特

大戰」（媒體就是喜歡這樣取名），標題從「科技巨人開戰」到「科技富豪為街友開戰」，無所不有。有人可能會認為，報導會一面倒的支持我的立場，但是沒有。《公司》（*Inc.*）雜誌寫到：「不滿足於與祖克伯對抗，貝尼奧夫還去招惹一大群他的科技富豪同儕……就像最近電影裡對抗摩斯拉的哥斯拉，貝尼奧夫不需要做他現在做的這些事。」《快速企業》雜誌則指控我把傑克「推黑」成反街友份子。

就那一點來說，我不冤枉。我把我的推文變成一道我相信應該是黑白分明的是非題：你若不是為了街友，就是為了自己。我站在屋頂上反覆唱著這句，而我的城市終於聽到了。我與傑克‧多西的對槓，讓C提案變成最熱門的投票議案，而在11月6日，C提案以61%的支持率強勢通過。

這筆用於街友的新資金，一年大約有3億美元，是從全方位解決危機的專款。它能提供超過1000個新收容所床位，增加4000個單位的住家，還有多達7500萬美元分配於治療嚴重的精神病患。此外，這筆資金還會提供協助與補助，幫助數千名居民免於被驅逐，這是從根源防止舊金山人淪為街友的重要措施。

C提案通過後的幾週之後，科技巨頭企業與其他在地公司終於有所領悟。他們的員工當中有許多人對於他

們領導者沒能做對的事感到失望。這些公司開始體認到，他們的員工與顧客有同樣的期望。而在一個像舊金山科技世界、人才如此吃緊的就業市場，讓其他這些「顧客」滿意也一樣重要。我們都知道，有才幹的科技工作者，如果對目前的工作不滿意，包括感覺自己任職的公司和他們沒有共同的價值觀，那麼他們可不愁沒有別的地方可去。

那就是為什麼現在Airbnb在舊金山投入500萬美元於街友事務，Twilio執行長傑夫・勞森（Jeff Lawson）也捐款100萬元資助灣區的街友服務。在西雅圖，微軟成立一間平價住房機構，亞馬遜也捐獻金錢、在企業園區撥出空間，幫助無家可歸的人。

歷來一直以反課稅為基本立場的企業，或許終於理解到，他們必須把社區和國家放在第一位，帶頭支持能夠籌措資金的機制，以解決我們最迫切的問題。

C提案通過後的幾個月裡，當我省思這場C提案之戰，最令我驚訝的是有那麼多人反對它，不只是要為此負擔加稅的執行長們，還有舊金山市民，他們在市井之間，每天親眼目睹在城市街頭生活的同胞吃苦頭受折磨，卻還是投下反對票，否決為了解決這個問題的措施。就是在這時，我體認到：C提案的反對者並不是不關心街友，只是他們對於如何因應這個問題的最佳辦法

有不同的想法。

　　琳恩和我從這個想法得到啟發，設立3000萬美元的UCSF貝尼奧夫街友與住房計畫，這項計畫的目標是建立可靠、可信的科學研究，幫助政策制定者、社區領袖和公眾理解，人怎麼會流浪街頭，並找出解決方案，減緩危機。

　　世界迫切需要指引，挖掘無家可歸者問題的真相。想要確保我們的投資所挹注的計畫，能真正改善無家可歸者和住房的問題，數據是關鍵。例如，數據顯示，為長年無家可歸的成人提供永久援助宿舍，能讓85%的接受安置者的居住長期維持穩定，而且通常能降低整體的政府支出。該項計畫的總監瑪歌‧庫雪爾（Margot Kushel）博士領導這支研究團隊，研究諸如貧窮、家暴、年齡、家庭規模與就業輔導等因素，以設計最有效的方法，預防並終結無家可歸問題。

　　我希望，藉由醫學科學、新興研究和數據，我們不再需要為哪些做法最好而爭辯。我們的立場不再跟著直覺、假設走，也不要再被賣蛇油的銷售員<sup>*</sup>和政客餵給我們的殘缺真相所左右，而是讓科學成為我們的指引。

　　因為一旦我們停止對抗，開始一起努力，改變就會

---

\* 　編注：指賣假藥的江湖郎中，引申為騙子、政客。

發生。這是我們的公民義務，也是我們的企業責任。

————————

　　當然，企業不會知道所有的答案。領導企業的人也
不會知道。事實上，最熱血的變革呼聲通常來自離「長」
字輩職位最遠的人。我們需要的正是這些人，讓他們上
前來，刺破我們的泡泡，把我們震出舒適區，提醒我們
對社區、以及對彼此的責任。

　　每一天，全世界都有數億人口起床去上班，他們不
應該把自己的價值觀留在門外。如果員工覺得自己有權
能在棘手議題上表達自己的觀點，他們不只會是更優秀
的員工，也會是更充實的人。當身為領導者的我們相信
的理念發聲，員工也會受到我們的鼓舞而這麼做。無論
我們的個人價值觀為何，或是我們選擇為其奮鬥的特定
議題為何，把**行動**變成文化準則，就能讓工作場所裡的
每個人成為開拓者、行動份子，以及變革的媒介。

　　想像有個未來，全世界各地的執行長和他們的企
業，以他們在解決最錯綜複雜的事業問題時的那種專注
和創新，運用於解決我們最錯綜複雜的社會問題。我們
可以同心協力，實現那個未來，方法是建立行動主義文
化，讓每個人都能為一個更美好的世界盡一己之力。

# 尾聲

　　2018年1月，寫作本書的早期階段，正值舊金山的Salesforce大樓正式開幕營運。這座大樓有61層樓高，是這座城市最高的結構體，也是密西西比河以西最高的摩天大樓之一。

　　不騙你，我感到欣喜若狂。我為這項專案付出多年時間：在教會街上尋找適合的地點，然後對著設計細節修修改改，從大廳裡色彩繽紛的家具，到牆上藝術風格的磁磚，都有我調整過的痕跡。我知道它的完工標幟著公司歷史的一個重要里程碑。

　　我自豪極了。我也知道，有人會厭惡它。

　　這座鑲著我們名字的高樓，在許多外人眼中，可能是一座花俏俗麗的玻璃帷幕障礙物，破壞這座城市遠近

馳名的天際線。他們或許會認為，它是某個有錢的傢伙
為了自己荒腔走板的自大而設立的紀念碑，或者是他內
心大廈情結的表徵。那些看法都相當合情合理。我理解
這些不以為然的人為什麼會這麼想。金碧輝煌的摩天大
樓會讓許多人聯想到企業最惡質的鋪張浪費。

　　我也知道，以我們的大樓來說，那些批評都不成
立。基本上，我認為這座高樓是為了向我摯愛的外祖父
馬文・路易斯、以及他為追求兼容並蓄的進步所展現的
那份熱情致敬。你可能記得前文曾提到，他是舊金山大
規模建設案BART背後的推手。他相信，一座城市必須
成長，才能真正服務市民。一座城市如果沒有建設者、
沒有高遠的雄心壯志，就不會成長。

　　我也想以這座高樓作為我對家鄉有力的忠誠宣言。
有了這座大樓，Salesforce的總部就會永遠屹立在舊金山
市中心。我們傳達的是「我們會留在這裡」這則訊息。
我們不會因為在其他地方可以享有便利性、成本效益和
稅賦優惠就逃離這座城市。企業大樓是更多工作機會的
保證，也能支持許多新公司的發展。我們想要讓我們的
存在對社區既有意義、又有助益。

　　我了解，這棟61層樓高的摩天大樓會提高我們的知
名度，也會讓公司被大眾用放大鏡詳細檢視。畢竟，61
層樓的玻璃帷幕大樓是個難以遁藏的地方。所以，在我

心目中，Salesforce大樓也是我們矢志追求透明度、以及我們的天字第一號價值觀「**信任**」的表現。

在大樓落成啟用典禮前的幾年間，我們的價值觀已經與公司的結構深深交織在一起。我知道它們夠強韌，即使在我結束公司領導者的任期之後也能一直延續下去，而我也相信，未來無論是誰接手領導者的角色，都能更進一步提升我們的價值觀。那麼，為什麼不建造一座人人都看得到的建築？

進行剪綵儀式時，唯一讓我感到甜美中帶著苦澀的，是現場少了兩位啟發我展開這段旅程、一路走到這裡的人：我的父親羅素·貝尼奧夫，他在2012年去世；還有我的外祖父馬文·路易斯，他在1991年去世。我知道，他們的靈魂在現場，但是我願意付出任何代價，只求能看到他們抬頭凝望這棟建築時臉上的表情。不過，回想我還是個小男孩時，和外公一起在這個城市散步的情景，我相當確定我會得到他的肯定。

我們搬進Salesforce大樓幾天後，我有一股衝動，想要放下所有還沒打開的箱子，去外面走一走。我有個預感，知道自己會走到哪裡去，而兩分鐘之後，我人已經在許多Salesforce員工每天早上的上班途中都會經過的BART內河碼頭站。

但是，我沒有搭上任何一班車。我來這裡看一片鑲

嵌於牆面、很少人注意到的大理石牌匾。這是敬獻給外公的牌匾。

每一次，我走過這個車站，都會停下來讀上面的銘文：它稱馬文・路易斯是「大眾運輸的先鋒」，他的「長征精神」和「堅忍不拔」，為這座城市帶來一份「價值無與倫比」的禮物。

我承認，這些溢美之辭說得有些過頭。但是不要忘了，這些文字是在一個比較沒有那麼複雜的年代寫成，在當時，人們非常願意相信英雄，即使是有瑕疵的英雄。外祖父是一個很好的人，但是他當然不完美。沒有人完美。

這個熙攘匆忙的車站始自一個人想像裡的朦朧景象，這是事實。有龐大的開支和無數的混亂伴隨著它而來，這也無可置疑。不過，還有兩件事也是事實。第一，BART已經成為舊金山的重要入口和經濟引擎。第二，它所創造的價值無可估算，而這份價值的源頭是當初啟發這個構想的**價值觀**。

在我的心目中，這座大樓是我渴望實踐開拓者精神的紀念碑：在未來，最高形式的企業價值會是以至高的人類價值觀為指引。

---

我第一次聽到克勞斯·史瓦布使用「第四次工業革命」一詞時，我的腦袋裡像漫畫所描繪的，亮起一顆燈泡的樣子。

　　長久以來，我一直在猜想，我在一生中所看到的科技變動，它的步調之快速，應該是人類歷史上絕無僅有。我當然了解新近發生的事情會使人產生強烈印象的概念，也就是說人總是會只看發生在自己周遭的事，然後下結論說它必然很特別。但是，克勞斯說服所有人，這確實很特別。

　　綜觀歷史，有許多大無畏、樂觀的個人和運動，為後來的世代開拓道路。在過去70年來，我們曾經看過黑暗的時代，但也歷經人類不可思議的跳躍進步：全球貧窮穩定減少、識字率隨著教育普及而提升、民主與自由市場經濟的傳播，還有末日災難式戰爭的消失，這些只是其中一些例子。在當代出生的人，由於對健康幸福的立即威脅較少，因而可能會更長壽。

　　儘管如此，我們還有很多工作要做。我們立刻就想得到的有：威脅我們生態系統的全球暖化、汙染我們海洋的塑膠，還有以每秒1英畝的速度進行的全球森林砍伐活動。

　　在這個開展中的故事裡，第四次工業革命已然賦予科技領導的角色。這個故事的結局如何，完全取決於我

們怎麼運用這個時代的進步。一方面，AI 的進展、量子運算、機器人學、連接技術和基因工程，都可以用來讓我們更健康、更安全、更繁榮。同時，如果我們不謹慎留意，這些創新可能會加劇不平等、加速地球的破壞、引發災難性的重創。

從某個角度來看，「工業革命」一詞有誤導之嫌。科技或許能加速變革和顛覆的步調，但是下一場革命的特點會是較不具象的事物。迎接新機器或新科技，甚至建立新觀念，都不會是重點，採取新思維才是關鍵。

過去，我們仰賴科技、商業、科學和醫藥的進步，提升全人類的福祉。但是第四次工業革命給我們帶來一個新的轉折點。從這裡開始，科技本身的邊際利益會開始衰減，而科技所造成未意料到的後果會愈來愈複雜。如果我們不現在採取行動，那兩股力量最終會交會，而快速變遷的代價開始壓過利益。簡單說，我們正站在一個十字路口，我們從這一刻到往後所採取的行動，對於我們留給未來世代一個什麼樣的世界，有決定性的影響。

我要做一個大膽的宣言：未來的歷史學家或許不同意我的看法，你當然也不必認同我的意見，但是我認為，現在是思考第四次工業革命是否正接近尾聲、讓路給新時代的時候。

我們已然歷經一段創新和創意如繁花盛開的時期。

第五次工業革命的重頭戲是善用這所有的「進步」，以謀求公益。在未來，成功取決於在運用創新和創意的果實時，能否把人類和地球的健康放在第一位。

在進步與毀滅的競走賽裡，我們不能把時間浪費在挑選贏家和輸家。我們的命運相繫。我們必須開始推動不同類型的全球議程，方向是讓這個世界變成一個更公義和平等的地方，同時修補我們對天空、海洋和森林所造成的損害。

2019年春天，就在我寫作本書之時，我想到在未來會成為工作人力主流的世代。2018年德勤千禧世代調查發現，千禧世代與Z世代*希望他們的企業領導者能主動對世界有正向影響，同時幫助他們的組織與員工，為第四次工業革命所帶來的變動做好準備。

如果調查正確，這對企業將有著驚人的重大寓意。現在以及未來，人們所從事工作的特點，以及他們工作環境的本質，會更重於企業過去所關注的那些代表「成功」的表面定義。

當然，金碧輝煌的現代辦公室高樓也不是重點。這項德勤的調查連同許多其他資料都顯示，今天的工作者，尤其是年輕的工作者，在工作上愈來愈傾向追求更

---

\*　編注：泛指約於1995年至2005年出生的人。

崇高的使命。無法滿足這項基本人性需求的企業，會發現它們來日無多。

想要在接下來這個時代蓬勃發展的企業，它們要問的不再是：我們是績優的企業嗎？

要問的是：我們是行善的企業嗎？

我在本書裡嘗試說明，這些問題之間有密不可分的關聯。隨著第四次工業革命不斷重新塑造我們的生活，企業已經無法再選擇追求績效而不行善。在面臨前方無可避免的破壞之際，我們必須先建立我所謂的「**徹底信任**」（radical trust），也就是員工和其他利害關係人無需再特別要求公司奉行善為價值觀。由於徹底信任的賦能，每家企業都可以孕育以價值觀為基礎的文化，成為改變世界的有力平台。

————

我們從今爾後所採取的行動，會決定這個故事的結局，我不認為這些行動會輕鬆容易。但是，我有很多理由抱持樂觀。

我們可以打造受信任、致力於追求所有利害關係人成功的企業、政府和組織，我們可以驅動創新和變革，讓世界變得更美，我對此感到樂觀。不只在企業，還有

在每個場景，我所遇到成千上萬的年輕人，他們的理想主義和行動都鼓舞著我。他們沒有待在場邊當觀眾，他們在工作上勇於直言，他們花時間從事志工服務、捐款、參與社會議題、參加集合與抗爭，還有消費決策（減少自身對環境所造成的衝擊，也獎勵同樣這麼做的企業），藉此對自己的信念表達支持。

我也深信，我們可以打造更兼容並蓄的工作場所，藉此提升企業決策品質。唯有在每個人（各種性別、人種、族裔和取向）都站出來、齊聚一桌時，我們才能充分善用每個人自不同的背景和經驗而得到的無價智慧。

我決定為本書取名「**開拓者**」，因為本書的核心是關於領導一場變革：在未來，何謂成功的企業和個人，定義就取決於這項變革。然而，企業領導者在談論未來的變革和創新時，他們展望的通常是5年、3年或1年（如果不是下一季的話）。但是，真正的開拓者需要採取更長遠的視野；我指的是20、50或100年，或許更長遠。如果這個想法看似極端，那麼不妨想像一下你暮年時的情景：你坐在搖椅裡，回想自己當初是不是應該做得更多，努力拯救地球，或是終結街友問題，或是讓人人都享有接受教育的平等機會。想像一下，如果你的孫子或你的曾孫問你，你當初是不是應該做得更多，你要和他們說些什麼？

成為開拓者不是只關注於今天的利害關係人，也要為未來世代的利害關係人創造一個更美好的世界。

　　我懇切的邀請你加入我的行列。

# 謝辭

在本書中，我記述 Salesforce 的四個核心價值觀，也寫到價值觀如何創造價值。而那深嵌在每一個價值觀裡的是感謝。不管怎麼說，我們全都彼此相連，沒有人可以獨力完成任何有意義的事。保持謙卑，珍惜那啟發你、提升你的每個人的貢獻。感謝是信任的基礎之一，因為當我們表達對信任我們的人的感謝時，也是在把那份信任傳出去。

若沒有我們利害關係人的支持、鼓勵和信任，Salesforce 不過是一家尋常的公司。所以每一位 Salesforce 經理人在全世界各地做的每一場報告，無論是我的演講，或是顧客會報，還是內部會議，都是以兩個字開場：謝謝。

我們心存感謝，是因為我們知道每個人都有選擇。

顧客可以選擇我們的競爭對手，員工可以選擇在別的地方工作，伙伴可以選擇不要支持我們的產品，股東可以選擇投資其他公司，社區可以選擇拒絕我們。我們感謝有這個機會可以贏得他們的忠誠，而不是要他們把忠誠交給我們。

我心懷感恩，而在本書即將結束之時，我首先、也最要感謝的是Salesforce的員工、顧客和伙伴，他們每天都鼓舞著我。我想要謝謝我們社區的所有人，他們也是每日鼓舞我的力量，激勵著我要做一個更好的人。

企業領導者通常會閉關寫書，彷彿所有的答案都在他的胸臆之中。可是，你現在知道了，我不是這樣的人，而Salesforce也不是這樣的公司。畢竟，本書不只是關於我的執行長之路。本書是關於我們這家企業、我們這個歐哈那、我們這個利害關係人大家庭的旅程。

我在本書曾討論到，在一個萬事萬物與每一個人都以前所未有的方式相互連結的世界，你不能一個人躲在高牆後面。那就是為什麼我與數百位Salesforce的同事、還有朋友和顧問分享本書的初稿。他們給我的意見都寶貴無比。

我不知道是否有執行長用這種方式寫一本書，但是這個行動就像是我所說的，在每一個角落尋找來自四面八方的創新。

我要感謝我的共同作者莫妮卡‧蘭利。如果沒有她驚人的努力，本書不可能問世。除了肩負 Salesforce 執行副總的重責大任，莫妮卡掌管本書歷程的每個層面。我們一起付出無數的時間，探詢我從童年到現在一路走來的故事，爬梳出「企業是改變世界最好的平台」這個信念是如何在我心中生根。

我也要感謝 Salesforce 的傳播主管丹‧法柏（Dan Farber），他對公司和科技世界具備深厚的知識，他的寫作、編輯和諮商對本書至為重要。謝謝《船長階級：新領導理論》（*The Captain Class: A New Theory of Leadership*）一書的作者山姆‧沃克（Sam Walker），他是《華爾街日報》的專欄作家，也是莫妮卡的前同事，本書經過他專業精湛、深具洞察力的編校，變得更為豐富。我也要謝謝我們在藍燈書屋（Random House）思慮不可思議的縝密、才華洋溢的編輯塔莉雅‧克羅恩（Talia Krohn），她讓自己沉浸於 Salesforce 的文化，甚至在 Dreamforce 待上整整一個星期！

莫妮卡和我也想在此表達我們對家人的感謝與愛。

最後，在本書打上最後一個句點之前，我要真心誠意的感謝，花時間閱讀我的故事的每個人。

財經企管 BCB712

# 開拓者
## 企業的力量是改變世界最好的平台
TRAILBLAZER：THE POWER OF BUSINESS AS THE GREATEST
PLATFORM FOR CHANGE

作者 ── 馬克‧貝尼奧夫（Marc Benioff）、莫妮卡‧蘭利（Monica Langley）
譯者 ── 周宜芳

總編輯 ── 吳佩穎
書系主編 ── 蘇鵬元
責任編輯 ── 賴虹伶
封面設計 ──萬勝安

出版者 ── 遠見天下文化出版股份有限公司
創辦人 ── 高希均、王力行
遠見‧天下文化 事業群董事長 ── 高希均
事業群發行人／CEO ── 王力行
天下文化社長 ── 林天來
天下文化總經理 ── 林芳燕
國際事務開發部兼版權中心總監 ── 潘欣
法律顧問 ── 理律法律事務所陳長文律師
著作權顧問 ── 魏啟翔律師
社址 ── 台北市 104 松江路 93 巷 1 號
讀者服務專線 ── 02-2662-0012｜傳真 ── 02-2662-0007；02-2662-0009
電子信箱 ── cwpc@cwgv.com.tw
郵政劃撥 ── 1326703-6 號 遠見天下文化出版股份有限公司

電腦排版 ── 立全電腦印前排版有限公司
製版廠 ── 東豪印刷事業有限公司
印刷廠 ── 柏晧彩色印刷有限公司
裝訂廠 ── 精益裝訂股份有限公司
出版登記 ── 局版台業字第 2517 號
總經銷 ── 大和書報圖書股份有限公司｜電話／02-8990-2588
出版日期 ── 2020 年 9 月 30 日第一版第 1 次印行
　　　　　　2022 年 8 月 8 日第一版第 3 次印行

國家圖書館出版品預行編目(CIP)資料

開拓者：企業的力量是改變世界最好的平台 / 馬
克.貝尼奧夫(Marc Benioff), 莫妮卡.蘭利(Monica
Langley)著；周宜芳譯. -- 第一版. -- 臺北市：遠見天
下文化, 2020.09
320面；14.8X21公分. -- (財經企管；BCB712)
譯自：Trailblazer : the power of business as the greatest
platform for change.
ISBN 978-986-5535-77-3(精裝)

1.企業社會學 2.企業管理

490.15　　　　　　　　　　　　109014366

定價 ── NT450 元
ISBN ── 978-986-5535-77-3
書號 ── BCB712
天下文化官網 ── bookzone.cwgv.com.tw

天下文化
BELIEVE IN READING